U0131587

湿地之城

水城共生的苏州历史

宋金波　魏娟　范竟成　著

中国林业出版社
China Forestry Publishing House

本书图片除文中标注外均由孙晓东提供。

孙晓东，生态人文摄影师，非遗保护公益机构"稀捍行动"联合发起人，籽庐摄影工作室创立人。

图书在版编目（CIP）数据

湿地之城：水城共生的苏州历史 / 宋金波，魏娟，

范竟成著. -- 北京：中国林业出版社，2023.9

　ISBN 978-7-5219-2367-4

　Ⅰ.①湿… Ⅱ.①宋… ②魏… ③范… Ⅲ.①沼泽化

地—自然资源保护—研究—苏州②城市文化—研究—苏州

Ⅳ.①P942.533.78②K295.33

　中国国家版本馆CIP数据核字(2023)第176532号

策划编辑：唐杨
责任编辑：唐杨　孙瑶
装帧设计：刘临川

出版发行：中国林业出版社
　　　　　（100009，北京市西城区刘海胡同7号，电话83143608）
电子邮箱：cfphzbs@163.com
网址：www.forestry.gov.cn/lycb.html
印刷：北京博海升彩色印刷有限公司
版次：2023年9月第1版
印次：2023年9月第1次印刷
开本：889mm×1194mm　1/6
印张：15
字数：237千字
定价：228.00元

夫地之有百川也，犹人之有血脉也。

血脉流行，泛扬动静，自有节度。

百川亦然。其朝夕往来，犹人之呼吸气出入也。

天地之性，上古有之。

——王充

序

　　湿地保护作为生态文明建设的重要内容，事关国家生态安全和社会经济可持续发展，事关中华民族子孙后代的生存福祉。2022年，国家主席习近平在《湿地公约》第十四届缔约方大会开幕式上致辞强调："中国将建设人与自然和谐共生的现代化，推进湿地保护事业高质量发展。"

　　苏州湿地资源丰富，有太湖、阳澄湖等400多个湖泊，长江、京杭运河等20000多条河流，自然湿地占全市总面积的三分之一。苏州是一个被湿地浸润、繁盛起来的城市，湿地是苏州重要的生态本底。科学保护与合理利用湿地资源，彰显湿地的独特魅力，是苏州展现"强富美高"新图景的重要使命。

　　理解苏州的湿地与城市文明之间的关系，要有更宽广的视野和更长远的眼光。水是苏州的灵魂，苏州的历史就是一部"依水而兴"的文明史。2500多年来，苏州城市与湿地协同演进，跨越历史长河，苏州的城市文明与水交融、与湿地共生，湿地文化已经融入苏州市民生产和生活的每个侧面，滋养了城市的文明与发展。"东方水城""东方威尼斯"的美名，也揭示和证明了苏州独特的湿地资源优势和深厚的湿地文化底蕴。

中华优秀传统文化是中华文明的智慧结晶和精华所在，是中华民族的根和魂，苏州湿地文化也是中华优秀传统文化的组成部分。苏州湿地文化在城市文明中留下的烙印已经无法剥离、难以割裂，更不会褪色。

国家主席习近平指出："我们要凝聚珍爱湿地全球共识，深怀对自然的敬畏之心，减少人类活动的干扰破坏，守住湿地生态安全边界，为子孙后代留下大美湿地。"

多年来，苏州市委、市政府十分重视湿地保护工作，积极倡导的湿地保护"中国苏州模式"在国际上得到了广泛认可，总结多年来苏州湿地保护与管理的成功经验，可以为全国湿地资源保护与管理提供借鉴，起到积极的示范作用。

记录湿地与人类文明的协同演进史，梳理丰富博大的湿地历史文化，利在千秋。本书是推动苏州成为全球"城市、人与湿地和美共享"的湿地保护典范，激励苏州人民更好地"扛起新使命、谱写新篇章"。

中国科学院院士
中国生态学会理事长　于贵瑞

2023年7月

目录

前言

持续万年的
对舞

湿地之城

湿地和荒野缺失，世界将会怎样？

让它们留下吧，

哦，让它们留下吧，荒野和湿地；

但愿杂草和荒野永存。

——英国诗人霍普金斯（Gerard Manley Hopkins，1844—1889）

这是一个城市与湿地的因缘际会。

苏州，是江南，是水乡，是"东方水城"。一个在历史和现实中都无法被忽视的文明之城，也是无数生灵赖以生存、受其滋养的摇篮。

全中国、全世界都很难找出比苏州更适合为湿地代言的城市。即使是威尼斯这样的"水城"，荷兰那样的"低洼之国"，人类与湿地的关系与苏州相比，也不免显得单薄，缺少足够厚重深长的历史积淀作为背景。

有必要对"何为湿地"多说几句。

20世纪90年代初，在大学课堂上第一次接触到"湿地"这个词，我和大部分同学一样，都有点摸不着头脑。

那个烦琐、绕口的湿地定义，和之前学过的森林、海洋等生态系统的定义都不同，那些定义简要、明了、直观、可感。当我们说一片森林的时候，我们都知道这个词具象所指，可当时要在脑海中描画出"湿地"的形象时，却困难很多。

精确的湿地定义对湿地科学家和湿地管理者都属必须，因此产生了不同类型的定义：科学上的定义与法律上的定义。科学上的定义是从自然地理学角度而言，认为湿地是指介于纯陆地生态系统与纯水生生态系统之间的一种生态环境，既不同于相邻的陆地与水体环境，又高度依赖于相邻的陆地与水体环境，因此，湿地具有三个基本资源特征：湿地水文、湿地植物和湿地土壤。

法律上的定义是基于对法律漏洞的关注而产生，一个是美国工程师兵团为了执行《清洁水法》中的"疏浚和填充"许可程序而强化其法律责任的定义；另一个是美国自然资源保护协会在《食品安全法》中对湿地进行保护和管理而给出的定义，共同特征是强调湿地的植被。

1971年的《湿地公约》给出了不同表述，该公约界定湿地："不问其为天然或人工、长久或暂时之沼泽地、湿原、泥炭地或水域地带，带有或静止或流动、或为淡水、或半咸水、或咸水水体者，包括低潮时水深不超过6米的水域"。这个定义比较具体，具有明显的边界和法律的约束力，但是没有强调自然过渡带，没有揭示湿地的科学概念和内涵的实质，不过该定义在国际上更为人所熟知。

迄今为止，满足所有研究者的湿地定义仍然没有发展成熟，因为湿地的定义依赖于研究者的研究目标和研究领域。可以说，湿地是所有生态系统名词中，最具有"多样性"与"变化性"的一个。

我国的湿地研究开始于20世纪60年代的沼泽研究。到80年代初期，湿地研究重点一直是沼泽泥炭；80年代中期开始，我国学者开始关注湿地问题。1995年，国内最早的、比较重要的研究湿地的论著《中国湿地研究》出版问世。该论著中明确定义湿地为水深2米以内、积水期4个月以上的陆地，湿地下界为挺水植物下限或沉水植物，季节性的积水土地积水时间应占整个植物生长时间的50%以上，湿地具备三个典型特征：土壤呈半水成或水成态势；湿地表层处于积水态势；浅水生、沼生和湿生植物在湿地空间区域生长。2010年，国家林业局提出并经国家标准化管理委员会发布的湿地分类的国家标准中，将湿地定义为"天然的或人工的，永久的或间歇性的沼泽地、泥炭地、水域地带，带有静止或流动、淡水或半咸水及咸水水体，包括低潮时水深不超过6米的海域"。

从湿地概念的发展史可以看出，与其他很多生态系统的定义不同，湿地的定义不是一成不变的，没有截然的分野，甚至在同一时期同一个国家，不同地区对湿地的定义在文字上都有微小的差异。

这种差异，或者说，湿地定义的"浮动"，原因是什么，意味着什么呢？

湿地是人类最晚做出定义的生态系统。湿地与其他生态系统比较明显的区别是，其他生态系统在空间上往往有相对稳定的界限，可以很容易地标识出来，但湿地不完全是这样。一般来说，江河、湖泊、水田……都只是自然界的"水体"，更接近于对一种单纯作为物质的水即H_2O的概括描述。"水体"诚然是湿地最基本、最主要的物质承载体，没有水体，就谈不上湿地，但湿地的功能、内涵又绝不仅止于水体。与单纯的水体相比，湿地的内涵要丰富得多。当你说"这条河流""这片湖泊"时，并不一定体现出了它作为"湿地"的含义，无

论是湖泊、沼泽、河流、滩涂，只有它处于某种特定状态，具有某种生态功能时，它才是准确而全面符合湿地定义的。

当然，本书的笔触，不可能不涉及自然界的各种水体，大江、运河、沼泽、水田……但只有将它们作为一个整体，从作为生态系统的湿地角度来理解，人类与湿地共舞的漫长故事才会鲜活。

湿地又经常是变动不居的。一片沼泽在不同季节空间、面积可能相差甚大，甚至时有时无。但正是这种规律性变动的特征，为湿地生态系统内生物多样性的增加创造了极为重要的条件——生物多样性的本质，也正是生命应对外部环境压力变化的结果。这并不是湿地独有的特征，但与森林与海洋相比，湿地的这些特征更为明显。

湿地管理的经典著作《湿地》一书指出："大多数湿地的水位不稳定，季节波动很大（河流湿地），也有以日或半日为周期变化的（潮汐湿地），甚至是无规则的变化（一些不稳定的溪流湿地和以风力驱动潮汐的滨海湿地）。事实上，河流湿地反映出的高水位与低水位之间的巨大差异所形成的湿地水文周期是由季节性或周期性'脉冲'淹水所导致的。'脉冲'淹水给河流湿地带来丰富的养分，并带走颗粒物和废弃物。这种'脉冲'淹水补给的湿地一般生产力较高，易于向相邻生态系统输出物质、能量和生物。对于绝大多数湿地来说，季节性的水位波动是一种规律。"

湿地的定义与对其认识发展变化的历史，正是因为对湿地的定义更侧重其生态功能的体现，而非在空间与形态上的限定。也是因为这个原因，湿地的定义必然会有某种"浮动"的特性——不同地区、不同环境背景下，对湿地功能的衡量与评估，确实会表现出差异。

从湿地对于"水深"的限定这个简单的视角就可以看出，湿地的定义是如何紧密地围绕与人类的密切关系而发展的。无论怎样定义，湿地对于水体深度的限定，基本排除了那些由于太深而使人类难以利用的水体，或者说，保留与关注的，恰好是人类可以深入探索也有能力加以利用甚至进行改造的部分。

湿地与森林、海洋并称全球三大生态系统，但它又有自己鲜明的特点，比如说，它更具有连接、跨越多个生态系统的特性，它往往在空间结构上处于某种过渡态，从较大的尺度来说，甚至可以说它就是一层"水膜"。

在现代生命起源研究中，膜状结构和过渡态往往是生命创生、爆发的必要条件。无论湿地的定义怎样变化，湿地本质上是生命之膜、文明之弦。

湿地与人类的生存、繁衍、发展息息相关，是自然界最富生物多样性的生态景观和人类最重要的生存环境之一，在调控流域乃至全球尺度的水文循环过程中扮演着重要的角色，也为自然生态系统和人类社会提供了多种重要的功能。由于湿地如此多的价值，而被誉为"生命的摇篮""文明的发源地"和"物种的基因库"等。当然，湿地更为知名的美誉是"地球之肾"。

公元前5000年左右，非洲大陆上一个原始部落走出森林，向尼罗河谷迁移，这就是后来的古埃及人。他们在尼罗河的湿地定居下来，并在公元前3000年左右建立了世界上第一个统一的奴隶制国家——古埃及。同样，古代巴比伦文明在幼发拉底河、底格里斯河发源，古印度文明则仰赖恒河口的平原和三角洲。

在东方，黄河和长江滋养了华夏民族的血脉。华夏民族原始部落逐水而居。一部中华文明史，与湿地相伴而生。

苏州，当然也在这部文明史中。

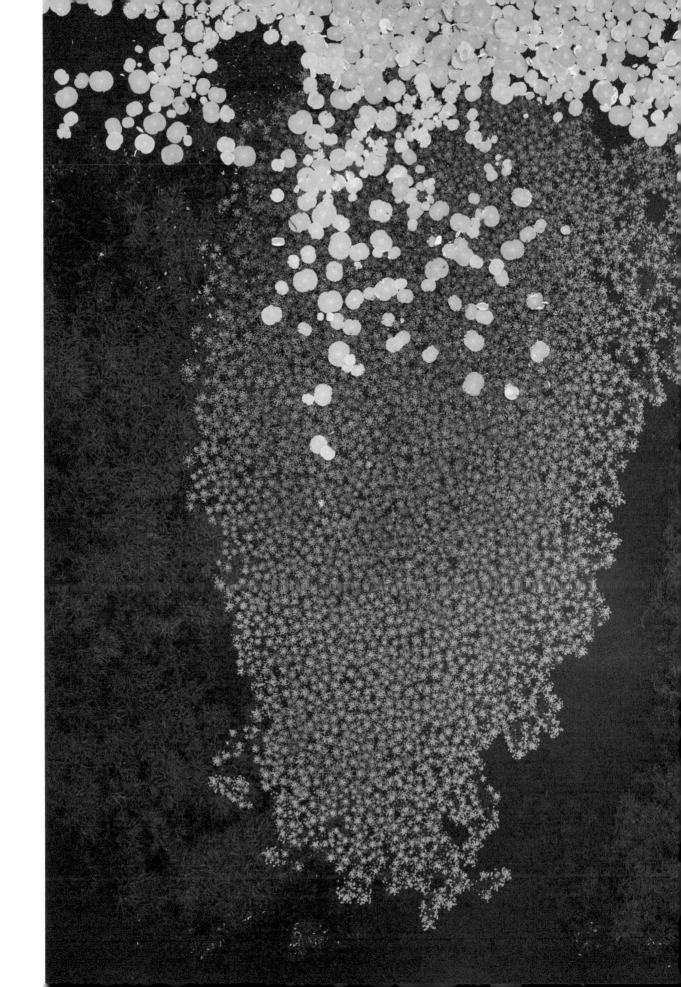

如果您愿意，可以将本书看作一本苏州湿地环境史。

湿地孕育文明，湿地哺喂文明，但湿地与人类之间，从来不是一种单向度关系。

从遇见、熟悉，到相互塑造，从客观到主观，物质到思想，在人类认识身边的自然时，人类与自然就彼此互动。历史与当下的交织，空间的维度，时间的维度，都往往被人们忽视。

今天看人类与湿地，更多与美丽、丰饶、富足、文明直接联系，时间之流往往掩盖了这个关系中惊心动魄、不为人知的一面。

这不是予取予夺的单向度征服、占有与利用。自然与人类，湿地与文明，在时间的长河里协同进化，一同成长。

尽管略显学术，但环境史学家唐纳德·休斯关于环境史中人类与自然关系的三大分类，仍然值得放在这里，作为本书的阅读指南。它们是：环境因素对人类历史的影响；人类行为造成的环境变化，以及这些变化反过来在人类社会发展进程中引起回响并对之产生影响的多种形式；人类的环境思想史，以

及人类的各种态度借以激起影响环境之行为的方式。

　　一个基本的事实是，"人创造环境，同样环境也创造人"。恩格斯曾言：自然主义的历史观"是片面的，它认为只是自然界作用于人，只是自然条件到处决定人的历史发展，它忘记了人也反作用于自然界，改变自然界，为自己创造新的生存条件……地球的表面、气候、植物界、动物界以及人本身都发生了无限的变化，并且这一切都是由于人的活动"。

　　苏州作为人类与湿地接触历史久远的城市，它与湿地的关系是极为典型的案例，因为当下的苏州湿地面貌形成的过程，近乎与此地人类文明的发展同步定型。在这个过程中，人类的生产生活、水利工程，既有对湿地的反映、顺从，也每时每刻都在对湿地进行着塑型与改造——正是这种绵柔且坚韧的力量，造就了今天苏州湿地的模样。人类对自然的作用，并不都是一种破坏、压力，也可能带来蓬勃生机，成为一个持久繁荣的生态系统的原动力。

　　从这个角度说，本书也可以视为一本人类湿地文化的发展史——确切地说，是苏州这块地域的湿地文化发展史。

湿地不仅是生命的摇篮、历史文明的源头，还是人类文化传承的载体。湿地具有鲜明的文化特征，特有的美学、教育、文化、精神等功能，堪称一部内容丰富、包罗万象的教科书。

一座城市，一处文明，在互动中，如繁花逐次绽放。而自然的影响，也间竹般浸入文化的性状。

最早的人类逐水而居。人类对湿地的认知，首先产生了基于利用角度和生产层面的湿地物质文化。

但真正意义上的湿地文化诞生应该始于人类有意识地改造湿地、营造湿地。水稻种植的出现是苏州湿地文化发展的一个标志。

因为水稻和鱼，苏州有了"鱼米之乡"的种种象征与符号；

因为在漫长的历史岁月中，人类不得不与水谋利，化洪荒为沃土，积累了丰富的理水经验；

因水而生，所以成城，苏州这个城市，在城市的布局、建筑风格等方面也根植了深厚的湿地基因，湿地元素在苏州的经济社会甚至军事历史中都留下了深刻印记；

与湿地亲近恒久的关系，塑造了这片土地上民众的饮食习俗和风格，更不用说，有那么多文人墨客曾经为苏州湿地留下浩如烟海的诗词歌赋；

湿地的蕴养，已然浸入这块土地生民的生命哲学，左右着他们对待世界的态度，帮助他们体认和理解这个复杂的世界。

无论是湿地环境史，还是湿地文化史，可以肯定的是，这本书记录的是一个关于人与湿地的故事。人与湿地是故事的主角。

这是万物灵长的人类，与生命之源的水，在近万年的时间里完成的相对舞蹈。

咄咄逼人，温情款款，亦步亦趋，不即不离，心有灵犀……无数爱恨交织、喜怒悲欢，收获与充实、融合与分离，无数才情文艺，殚精竭虑，画不下的浓墨重彩，数不清的匆匆过客，一道织就这漫长舞蹈的动人画面。

巨幕所处的这片舞台，便是苏州湿地。

金鸡湖

苏州市湿地保护管理站供图

壹

水陆天地

湿地之城

黄花谩说年年好。

也趁秋光老。

绿鬓不惊秋，若斗尊前，人好花堪笑。

蟠桃结子知多少。

家住三山岛。

何日跨归鸾，沧海飞尘，人世因缘了。

这首《醉花阴》出自宋代大词人辛弃疾之手。稼轩先生曾客居平江，"家住三山岛"。但任他诗情多么豪迈寥廓，也断断想不到，他所居住的这个三山岛，正是人类首次履足苏州之地。

踏足苏州的第一位古人类，眼中所见，应是一处山麓延展的平原。

登高望，附近丘陵上森林茂密，平原上水草肥美，河流湖泊点缀其间。

这里是野生动物的乐园，森林中有虎、野猪、棕熊、黑熊、猞猁、豪猪和猕猴出没，草原上有鬣狗、斑鹿、鼬、獾和兔在互相追逐，河湖边则有犀牛、水鹿和水牛在游荡。

人类第一次在苏州区域建设家园的时间，是公元前10000年。

自此，舞台上有了新舞者。

故事自然要从人类与苏州湿地的最初邂逅说起。

然而，如同很多关心环境历史的人常遭遇的误区一样，他们往往无意中忽视了"时间"这个魔镜造成的错觉。人们很容易按照今天的地理版图、环境特征来设想处于历史中的前人所处的世界，却忘记沧海桑田、河流、湖泊甚至海洋、山脉都可能有巨大变迁，同一片土地上的古人所面对的，可能是一个与今天我们所见完全不同的世界。而这些差异，对我们在今天穿越历史重重迷雾，理解古人类的生存、发展，理解他们与自然界的关系，却至关重要。忽略了这一点，可能会走入永远无法解锁的迷宫中。

如今我们可以确定的是，在人类最初踏足苏州这片土地时，他们眼中所见，无疑也会有大片的湿地，但当时苏州湿地的面目与格局与今日相比却大为不同。今天苏州湿地的格局，特别是太湖与运河，在历史长河中是相当晚近才出现的。

大自然面貌的善变早在人类足迹踏入此地之前就已经非常明显。没有人类，仅仅是自然之手，也能让陆地与水，在亿万年的光阴中无须观众的进退表演。如果能退回更宏观的空间尺度，那么将这一片不稳定的水陆界面，视为更大尺度上广义的一种"呼吸"着的"湿地"，亦未尝不可。

苏州地区在地层、构造、岩浆岩的产生、发展和分布特征中，留下了沧海桑田的发育史。所谓"天工伟力"，莫过于此。

放眼太初，数亿年前的寒武纪，后来的"江南古

01

天工伟力

壹　●　水陆天地

苏州市湿地保护管理站供图

陆"正在形成，今天的苏州境内，大部分还是浅海。

接下来出场的是著名的燕山运动和喜马拉雅造山运动。这两个地质运动也形成了今日中国大陆的基本格局。喜马拉雅山从古地中海猛然崛起，成为"世界屋脊"，它的余波则牵动了"江南古陆"。青藏高原的寒和西北地区的旱，换来了"江南古陆"温润的雨，这就是当今我国三大自然区域之间气候变化因果的自然链条，所谓"杏花烟雨江南""小桥流水人家"的景致，早在恐龙时代，已然埋下伏笔。

距今约20000年的更新世晚期，大自然终于将斧凿画笔指向华夏东南，开始仔细雕琢描绘这片土地的形貌。长三角的形成和太湖盆地的出现，就是在这一时期。也是在更新世晚期，人类经历了最后一次在地质史上的大理冰期（因冰期划分存在争议，一般认为大理冰期与欧洲的玉木冰期大体同时，以下同）。宏伟巨大的冰川是当时陆地上的主宰，封固了大量的水，造成全球性海退。海洋变得无比低调，等待温暖重来。人类也在这一次巨大冰期，大幅度迈开走向全球的脚步。

距今18000年左右，当时的海岸线在现代海面下平均水深150~160米附近。想想看这意味着怎样的画面：向东望去，当时东海的大陆架并非海洋，而是辽阔的大平原。

这块今天已经沉入海底的大平原上，仍是河深谷宽，奔腾在平原上最大的河流有两条，其中一条是从今长江口向东南方向延伸的溺谷，这是一条被海水淹没了的长江古河道，它一直延伸到日本宫古岛北侧。

"卧薪尝胆"退避的海洋终将迎来"反击"的时机。

按《我们从哪里来》作者罗三洋的分析，到公元前10000年，渤海和黄海还完全不存在，大部分东海和近一半南海也不存在。

而到了公元前6500—公元前4000年，台湾岛和海南岛出现，近海出现，而且海水还漫过今天的海岸线，继续侵入内陆。如以今日之行政版图视之，则是"海口沉没，广州沉没，厦门沉没，台北沉没，杭州沉没，苏州沉没，上海沉没，青岛沉没，天津沉没，大连沉没……如今位于京杭大运河以东的所有区域，除了山东等地的少数山

丘高地，此时全部淹没于大海之中"。

公元前6500—公元前4000年的这次海侵属于卷转虫海侵的第三阶段，在华东称为"洪泽—镇江海侵"，在华北称为"黄骅海侵"。这是离现代最近的一次大规模海侵。高水位直到公元前4000年左右才开始缓缓回落。

无论大气候怎样变化，湿地都是当时苏州地区生态系统的重要角色，尽管当时并没有人类观察与记录它。

可以肯定的是，从第四纪以来，今天的太湖地区至少经历过五次海进与海退。此后发生于全新世早期——请注意，正是在全新世，人类开始逐步成为地球重要的角色，甚至主角——的最后一次海退过程才形0成了太湖。也是在此时，苏州地区才彻底脱离了海水环境，以其陆地面貌呈现在古太湖流域之上。

一本关于苏州湿地的书，不能不将太湖作为最重要对象加以对待。

太湖是苏州湿地中面积最大也最具标志性的水体，发挥着不可替代的自然生态作用，同时也蕴藏着丰富的社会文化意涵，尤其是，今天意义上太湖水体的形成或诞生，与人类文明在苏州区域的逐渐昌明在相当大程度上是同步的。太湖滋养了人类文明，人类造就了太湖，如果没有彼此，则此地的人类文明必非当下面目，而此地的太湖，也绝非今天人们所见的模样。

说太湖，首先绕不过去的就是太湖是如何形成的。

关于太湖的形成，曾经有过多个版本，无形中也为太湖增加了很多悬疑与神秘。

早在20世纪初，我国地理学家丁文江与外国学者海登施姆就认为，是大江淤积导致了太湖的形成。到20世纪30年代，由于在湖区底下发现有湖相、海相沉积物等，竺可桢与汪胡桢等提出了"潟湖成因论"。

该论点主要依据太湖平原存在着海相沉积来推断的，认为因长江带来的大量泥沙逐渐在下游堆积，使当时的长江三角洲不断向大海伸展，从而形成了沙嘴。以后沙嘴又逐渐环绕着古太湖的东北岸延伸并转向东南，与钱塘江北岸的沙嘴相接，将古太湖围成一个潟湖。后来又因为泥沙的不断淤积，这个潟湖逐渐成为与海洋完全隔离的大小湖泊，太湖则是这些分散杂陈的湖群的主体，又经以后的不断淡化而成为今日的太湖。

太湖的"潟湖说"有很大的说服力。但后来，人们在翻阅一本叫《吴中水利记》的北宋时期古书时，发现宋神宗熙宁八年（1075），太湖地区发生大旱，太湖

02

太湖的成因

壹 ● 水陆天地

水位下降到以往从来没有过的位置，湖边数里的干涸的湖底上，竟然露出了古代居民的坟墓和村庄的街道，一根根已经近于腐烂的树桩仍然立在湖中。

这个事实给潟湖说打击甚大。如果太湖是古代海洋留下的潟湖，那么，根本就不会有人在湖底居住过。

在众多的"太湖成因说"中，"陨石冲击"假说最有冲击力。

一批年轻地质工作者们曾大胆假设，遥远的古代，曾有一颗巨大无比的陨石自天外飞来，正好落在太湖的位置上。他们估计，这颗陨石对地壳造成的强大冲击力，其能量可能等于1000万颗在日本广岛上空爆炸的原子弹能量。

尽管"陨石冲击说"更有传奇色彩，但最新的研究倾向于太湖虽邻近东海，但它并不是由全新世海侵所形成的海湾、潟湖演变而来，更不是陨石冲击的产物，而是在近期人类历史时期，河道淤塞、人类围垦、洪涝泛滥，宣泄不畅，积水成湖，并逐步扩大，成为大型浅水湖泊。

人类对于今日太湖的形成，不是可有可无的旁观者，而是直接的参与者。

我们在此理论基础上，回溯太湖的形成。

晚更新世早期，太湖地区是一片河湖交替的地理

苏州市湿地保护管理站供图

壹 ● 水陆天地

环境，这一时期地势高差已大大减小，堆积平原的面貌已基本形成，这一时期被称为太湖的初发育阶段。

在晚更新世中期的上次海侵后，海水进入太湖地区，这里形成了一片宽浅的海湾，被称为第一期古太湖湾，苏州、昆山的一些丘陵小山成为海中小岛，上海与长江口成为陆架浅海。

晚更新世后期，第四纪最后一次冰期达到了全盛阶段，海平面大幅度下降，东海陆架全部露出海面，第一期古太湖湾消亡，这时太湖地区为一片自西南向东北微微倾斜的平原，植被上形成了以冷杉、云杉和松树针叶林点缀的森林草原景观，这种自然景观一直延续到全新世早期。

第四纪冰期结束后期，大约从距今15000年前开始，是一个气候逐渐转暖、海平面逐渐上升的时期，大约到距今8000年前的全新世中期，海侵达到了一个全盛期。海水从长江口和钱塘江两个方向进入太湖洼地，形成了全新世或第二期古太湖湾，整个太湖平原再次沦入海底。

距今6000—7000年间，长江在镇江、扬州之间入海，海水直拍到山麓线下，现在的一片平野，当时是水波浩瀚的海洋。

长江挟带的大量泥沙在河口段停积，使河口地貌不断发育，逐渐形成了长江三角洲。与此同时，在长江南岸、北岸又形成了两个大沙嘴。从长江口三角洲发育的趋势看来，初期有向南摆动之势，大量泥沙堆积在南岸，使南沙嘴伸展较快，又因合成风向和海潮激荡等影响，沙嘴出现了向南反曲的现象。其时钱塘江的北岸沙嘴也在形成，因挟带泥沙不多，发展较长江南沙嘴缓慢。长江南沙嘴和钱塘江北沙嘴相对伸展，终于使宽广的海湾成为潟湖。经过逐步发育，最后封淤成为一个四边高、中部低的碟形洼地，这就是太湖平原的原始雏形。

在距今3000—5000年前——约与四川的三星堆文化同期，大概是由于受海水波动及河湖堆积作用的影响，太湖地区成了一片湖沼湿地环境。之后，由于东南方向出口被堵，开始了现代太湖的发育阶段，太湖逐渐成为一个封闭的淡水湖。

现代苏州湿地的主体面目由此成形。接下来的苏州湿地故事，就必须要记录下人类对大自然的改变了。

无论是关于苏州今日之自然面貌，还是关于人类与苏州湿地的关系，公元前10000年都是一个极为重要的时间节点。

尽管早在数万甚至数十万数百万年前，大自然的伟力就已经在一步步以山水为"染料"，描画今日苏州之图景，但在公元前10000年更早，这个舞台上还只有大自然一个主角，或者说，只有陆地与包括东海在内的水体两个角色，那么在公元前10000年这个时间节点之后，一切都不一样了。大自然的造化作品不再是"自赏"，而是有了观众，可以被理解，被学习，被记录，被赞叹和崇拜。但这位新加入的、当时迁怯生生的角色，显然又不肯仅仅作为观众存在，它要加入舞台，要参与表演，甚至有一天要按照自己的喜好改写剧本。

当然，这一切都不是字面上显得那么和美顺畅，严格来说，人类在刚踏足这片水土时，面临的是严峻的考验，可以说是一场漫长、艰苦的"战争"——尽管我仍然宁愿将其称为一场悠长的、必须全情投入的舞蹈。

人类在苏州的第一步，踏足在今天的太湖三山岛。

位于苏州太湖中的三山岛是个风景秀美的小岛。20世纪80年代，突然在三山岛上发现了古文化遗址，其年代约为公元前10000年，这也是多数人类文明即将跨入新石器时代门槛的关键节点。这个发现，直接把吴地的人类文明史从新石器时代向前推进到了旧石器时代。

在这样一个弹丸孤岛上，先是在东部的龙头山一处裂隙中发现了6个目20个种的哺乳动物化石，其中不少是大型的食肉和食草动物，如虎、鬣狗、犀牛、熊、水牛等。这不得不使人推断，三山岛在晚更新世末期的

03

公元前 10000 年

壹 ● 水陆天地

生态景观与今天迥然不同。

从三山岛哺乳动物化石和古人类遗址的存在可以肯定，动物和人类在此栖息时，三山岛不会是一个孤岛，这只有太湖地区处在海退时期才有可能。

从化石动物群来看，老虎、野猪、棕熊、黑熊、猞猁、豪猪、猕猴、鬣狗、斑鹿、鼬、獾、犀牛、水鹿、水牛……生活在这片土地上。随着动物的踪迹，一批批远古居民也来此生活。

三山岛发掘的旧石器标本，揭示了公元前10000年，生活在这片水土的古人以何为生。

从三山岛旧石器分析，石器个体小为其主要特点之一，砍砸器数量少，重量轻，从刃缘特点看，它们不适于砍伐树木或挖掘块根，而更像是一类敲砸工具或加工其他工具的锤子。从石器工具组合的整体判断，这一文化反映了一种渔猎为主的经济形式，采集经济不占主要地位。在渔猎经济中，似乎又以捕捞为主，狩猎为辅，因为在发现的石器工具中完全缺乏我国北方一些以狩猎经济为主的旧石器遗址中常见的、一些杀伤力较大的武器，如石球、箭链、投射尖状器等。

一切都证明，最初来到苏州和太湖区域的古人类，已经学会了向湿地获取生存必需的食物。这是人类从苏州湿地最早获得馈赠的证据。

即使在几千年后，新石器时代人类已获得了农耕技术，在食物来源有了基本保证的情况下，他们仍然从渔猎中获取传统食物。这也充分说明，在苏州区域，无论时光如何变化，湿地始终是人类生存最重要的依赖对象。

苏州市湿地保护管理站供图

壹 ● 水陆天地

三山文化是迄今为止长江三角洲地区考古发现中最早的旧石器时代末期遗址。然而，在接下来长达2000年的时间里——也就是约公元前10000年到公元前8000年，这一区域人类活动却杳无踪迹，直到进入公元前8000年以后，人类活动才再次出现。

在长江下游地区，从旧石器时代到新石器时代，石器类型和工艺技术的演变存在缺环，或者说，出现了文化上的断层。

很大一种可能是，这一地区新石器时代的农业工具并非最早三山岛旧石器时代先民的传承，而是外部影响或由外部传入。三山岛最早探索这片土地的古人类，在全新世海侵开始后不久就已离去，这一束篝火最终消隐在人类文明的发展隧道中。2000年之后再次到太湖地区定居的，已经是获得崭新生存手段的新石器时代人类了。

这是一个具有深刻地域特征的现象。正是在当时尚处于海陆界面与长江出海口的长三角区域，由于水陆过渡带的大尺度变化——如我们今天在湿地这个生态系统所经常观察到的一样，早期的人类文明之光随着湿地游弋，忽明忽暗。大自然的脸色仍然是决定人类生存境遇最关键的因素。这些都在早期人类文明的考古发现中有所体现。

人类与湿地完成的第一曲舞步，需要付出很多代价，但它也给早期人类提供了很多选择的可能性。

公元前7000年以后，在今天苏州境内，史前遗址如雨后春笋般出现、成长和壮大，几乎呈现"遍地开花"的盛景。

04

文化断层

环太湖地区周边的水域与山地，并不完全阻绝环太湖地区与周围其他地区的物品、人员以及信息的交换，只是在客观上将这种交换规制在一定限度之内。因此，使环太湖地出现文化断层的根本原因仍然是长江三角洲区域的湿地水域变化对人类的影响比我们今天看到的更大，更显著。

那么，是什么原因导致全新世早期此地罕见人类活动呢？

值得注意的是，时隔2000年后，苏州地区新的人类活动地点已经不在三山岛附近，而是在靠近长江边的地方。这仅仅是偶然现象吗？

一切取决于湿地。

公元前11000年前后，随着气温升高、冰川渐渐融化，向陆地反攻的海水开始沿河谷进入今日西太湖领域，这是咸水入侵的开始，但当时的入侵规模非常有限。至少至公元前10000年，区域内绝大部分陆地面积仍处于淡水环境的影响下，进入全新世后，咸水才开始广泛入侵长三角区域内部。

三山文化的消失以及后来东山村文化的出现绝非偶然，它们与长三角地区古地理环境的演变过程，尤其是淡水环境转变为咸水环境，咸水环境再度淡化的变化过程关系密切，时间上也是如此"巧合"。

公元前10000年之后，随着海水入侵的深入和范围的扩大，咸水影响程度不断增强，与此同时，旧石器的三山文化消失，也没有"后继者"出现。随着区域咸水环境影响的深入，人类难以获得淡水，自然无法在此生存下去，这才是本全新世早期普遍缺少新石器文化遗址，并出现了长达2000年的文化断层的根本原因。

直到公元前8000年后，东山村遗址的出现才打破僵局。尽管这时苏州区域内绝大部分面积仍然属于咸水环境，但局部已开始出现再次淡化的迹象。东山村文化不是出现在区域腹地，也不是出现在南部靠近杭州湾的地方，而是出现在靠近长江边的地方，这很可能表明，什么地方的水域首先淡化或接近淡水环境，什么地方就首先有人类活动出现。

直到约公元前7500—公元前7000年，长江河口湾开始转变为三角洲时，咸水环境才开始从根本上得以改变。

这就是为什么公元前7000年以后，长江三角洲区域迎来了新石器文化的全面发展和繁荣时期。同样，太湖西南及东北缺少遗址分布，与这些地方曾是主要的通海古河道且最晚进入淡化环境有关。

可以说，哪里先进入淡水环境，哪里就首先有人类活动，水决定了文明的存续与分布。

根据地质研究结果，大规模海侵曾淹没古人类家园的时间达两三百年之久。

面对家园被海侵洪水侵占两三百年的现实，古人类唯一的选择，只能是离开家园，迁移到地势高亢的适宜环境去。

在太湖区域新石器时代晚期古文化的遗存中，还有一个引人注意的发现，那就是在多处文化遗址中都发现了水井。同期黄河流域龙山文化遗址也都发现许多水井。

新石器时代晚期，随着生产工具的进步，人们可凿井汲取地下水。水井的出现，使人们可远离丘陵、山泉、河边，到平原地区建立固定的聚落，对人类发展农耕文化起了很重要的促进作用。

从新石器时代晚期龙山文化遗址中出土的粟、黍都是半干旱气候条件下生长的农作物，因此在龙山文化时期，黄河流域的人们为了解决生活用水和灌溉水，挖井确属生活生产发展的必需。可是在气候比较温暖湿润的太湖平原，河湖众多，还有什么必要挖水井呢？别说是在生产技术较原始的史前时期，就是在生产技术高度发展的今天，在太湖平原上，除去城镇居民用自来水以外，广大农村人们的生活、生产用水，在数十年前仍然主要依靠从河湖取水。

为什么太湖区域的史前先民们要用那么原始的生产工具，耗费大量的劳力挖井，而不选择更便利地从河湖取水呢？

原因只可能是，当太湖地区气候逐渐变干变冷，海平面再次

05

自然之手

下降，平原地区地下水位也随之下降，地表河湖减少。人们为了生活、生产，便只能选择在聚落附近挖井取水。同时，太湖地区濒临东海，当遇上特大的风暴潮，太湖平原上一些直接入海的河口咸水倒灌，也会造成依靠河湖水生活的人们不得不挖井取水。其中，气候干旱当是促使人们挖井的主要原因。

无论如何，这块土地上史前的先民凭借勤劳、勇气和智慧，维持了文明的火种。他们逐水而居，掘井而饮，在湿地中渔猎，在湿地上开垦种植，直到文明之光越过临界点，人类进入了有文字信史的时代，人类与湿地的对舞，也将迎来崭新而壮美的一幕。

距今3800年前，太湖地区的气候再度变得温暖湿润，年平均气温比目前高1~2℃，年降水比目前多。当时太湖流域所形成的丰富地表径流，大量汇集于沉降中的碟形洼地中部。在诸多内、外力长期共同作用下，碟形洼地中部低浅的湖盆积水壅溢，并因此造成严重的洪涝灾害，淹没了大量的新石器文化遗址。一种说法认为，中国传说中的大禹治水可能即与这一太湖形成、扩大并由此造成的洪涝灾害事件有关。

面对大自然的"怒气"，这块土地上的人类没有再像最早期的先民那样退避远走。相反，他们开始利用地势，开凿水道，以便尽可能地减轻太湖的洪涝威胁。

到距今3000年前，碟形地势边缘的高地新形成的横泾冈，进一步封堵太湖水体的外排。但这时扩展中的太湖正常情况下仍可通过当时的"三江"顺畅泄入大海。因此在有史记载的初期，太湖湖面仅局限在碟形洼地的中心部位，面积远较今日为小。

据成书于战国至东汉时期的《越绝书》记载："太湖周三万六千顷"，约合1680平方公里，即历史早期太湖的面积仅为今太湖的3/5。东太湖和太湖东北岬湾诸湖荡在当时大多仍属陆地。据考古发现推测，全新世开始以后，太湖在大多时间内基本为陆地，即使是太湖成湖期内，太湖的水面和水深也都不会太大。

距今约2000年前，由于太湖地区持续沉降，平浅的太湖水面不断扩大；更重要的是由于长江和杭州湾边滩的加速堆积，促使碟缘高地高程增高，冈身以东地区快速成陆，导致"三江"在缩窄中不断淤

06

三江五湖

塞。从而太湖排水不畅，积水加剧，其以及东太湖地区水域因之显著扩大。

太湖扩展的最重要标志是湖区东北五个岬湾湖面的形成。太湖在先秦汉魏时代早有"五湖"之称谓，尽管解释各有不同，但大体是指湖区东北存在五个岬湾。魏晋南朝时期，由于太湖水面拓宽，水体入侵五个岬湾地区，湾内水面随之扩大并纳入太湖，奠定了今日太湖的基本形态。

太湖与太湖流域湿地的历史，就这样在彼此的紧密纠缠中，从史前传说走入了信史，走到现代中国人耳熟能详的那些朝代。

太湖的演变特别是东太湖地区湖群的形成，除与地面沉降有关之外，更与"三江"的淤废存在着密切关系。

《尚书·禹贡》说"三江既入，震泽[1]底定"，解释甚多，最主流的解释，当是大禹开凿"三江"，震泽洪水始得通畅，震泽周边因之得以安定。据此依当时地势则《禹贡》"三江"必出自太湖之东岸而后分别泄入江海。不过，古今变迁，《禹贡》"三江"之具体流路已不可考。

对于"三江"在不同时期的考证与变迁，证明苏州地区的湿地、水系从人类可以记录开始，就一直在自然与人类的力量下不断变化，乃至于很难在历史记载中准确复原出古代苏州湿地的空间情貌。

理解地理才能理解历史，反过来也是一样。今日我们看待苏州湿地，自然不会缘木求鱼、刻舟求剑。

自从江南运河的开凿特别是唐元和五年（810）苏州至平望数十里长"吴江塘路"的兴筑，塘路以东、冈身以西的东太湖地区成为一个对水体极其敏感的低洼平原地域。

唐宋时期东江、娄江先后湮废，太湖仅靠延长、束狭、淤窄中的松江泄水，导致太湖水面再度扩展，更因为松江之水不能径趋于海，太湖下泄之水大量溢入南北两翼的原东江、娄江流域低地，从而促使东太湖地区湖群的大量涌现，因此有的记载甚至认为东太湖湖群总面积超过太湖。北宋郏乔就说："震泽之大，才三万六千顷，而平江五县积水几四万顷。"

近几十年人们在阳澄湖、武城湖、沙湖、巴城

[1] 震泽：太湖的古称

湖、黄天荡等湖中尚可发现新石器时代遗址、春秋吴国古城、汉代古井、唐代开元通宝以及宋井等各类遗址遗物，说明东太湖北部大量湖荡的形成显然与唐宋时期娄江湮废、水体壅溢有着密切的关系。

北宋时期，太湖的扩展、东太湖大量湖群的涌现除与地体下沉、三江淤废、淤塞有关之外，两宋时期海平面上升显然也是一个关键因素。

清代后，随着浏河日益缩狭淤浅，黄浦江则继续扩展，最终演变成为太湖下游通畅的唯一大河。在这一时段，由于排水系统逐步理顺，太湖地区因洪水泛滥形成新湖的现象基本解除。但随之而来的是湖区开发、围湖造田速度的加快，导致湖泊面积不断缩小。至于太湖本身的萎缩，主要表现在马迹山、东山两个湖岬的发育，导致清乾隆年间尚悬于湖中的马迹山、东山，在清后期登陆成为陆连岛。

在有史以来的3000年间，以太湖为中心和主体的苏州湿地，水面有涨有落，河流有生有灭，改变的力量，有来自大自然的伟力，也有人类不懈治理之功。人类与湿地，就此形成了协作演化的生态共同体。

壹 ● 水陆天地

贰

大江大湖

湿地之城

万里青天一轮月，三更雪浪太湖春。

若教白日来经此，不见新镕万顷银。

宋代诗人杨万里眼界颇高，他这首诗中，对太湖俨然已有出尘远眺之况味。但诗人纵情之笔，终究不能真正把大自然的鬼斧神工描画完整。

2022年10月21日9时34分，"我们的太空"新媒体中心官微发布了一条新微博："从中国空间站看太湖。"

在这条微博下的照片上，从太空俯瞰视角，凌晨的太湖如一方平静至极的蠡村石砚，镶嵌于中华版图的腹心之地。

太湖周边，大江奔流，河网纵横，湖泊星罗棋布。

大江大湖，壮美绝伦，构成了当下苏州湿地的主体面貌。

太湖之北，长江已然进入下游，矫健而生机勃勃。于华夏版图的宏大视野，中华民族的母亲河长江，如同横贯东西的主动脉，滋养着大半个中国的黎民百姓。

在与太湖擦身相会之前，长江已然奔腾6000余公里。它经过高原与峡谷，森林与草原，与长江流域亿万生民骨血交融。

长江之长，不仅在地理长度，也在它幽深的历史；长江之大，不仅在自然水量，更在它的力量、胸怀与气势。长江是华夏民族的母亲河之一，养育了中华儿女、浇灌了大半个中国，千回百转流淌到此时此地。在即将入海的这一段，她逐渐显得雍容而阔达。

长江是地球造山运动的产物。长江是时间的刻痕、地球的史记。亿万年前，长江横空出世，用古老的涛声谱成奔涌的序曲和前进的旋律。它的干流经过青海、西藏至江苏、上海等11个省（自治区、直辖市），一路向东。太湖、洞庭湖、鄱阳湖、巢湖等中国五大淡水湖中的四个与长江相通；南水北调工程分东、中、西三线从长江取水；京杭大运河由北向南纵贯北京至浙江等6个省（自治区、直辖市），在扬州通过里运河与长江瓜洲古渡口连通。在此，长江与海河、黄河、淮河、钱塘江五大水系全部贯通，然后继续东去，掠过苏州北界，最终从吴淞口汇入滔滔东海。

地球给长江以生命，长江给大地以生机。今天的长江流域，约占中国国土面积1/5，长江经济带覆盖沿江11个省（自治区、直辖市），横跨我国东、中、西三大板块，人口规模与经济总量占据全国半壁江山，生态地位突出，发展潜力巨大。

英国作家西蒙·温切斯特则说：简直无法想象，如果中国的腹地没有这样一股洪流，情形将会怎样。

他说的是长江。没有长江，中国就不会是个今天的中国。这条河一次又一次地决定了这个国家的命运。

长江，是为苏州湿地中的"一条江"。

01

大江东去

苏州湿地中，太湖自然处于显眼的"C位"。

今天的太湖，是我国第三大淡水湖，也是长江中下游的五大淡水湖之一。太湖湖岸线全长393.2公里，湖泊面积2428平方公里，水域面积2338.1平方公里，流域总面积3.68万平方公里。

太湖平均水深1.9米，深水区一般在3米以下，蓄水量44.3亿立方米，多年平均入湖水量76.6亿立方米，换水周期约300天，环湖出入湖河流共有191条，其中入湖河流约占60%。

以太湖为中心，曾经以"震泽""五湖""笠泽"等名字著称的太湖流域，北濒长江，南濒钱塘江，东临东海，西以天目山、茅山等山区为界。

在太湖流域总面积中，平原占4/6、水面占1/6、丘陵和山地占1/6。太湖流域周边高、中间低，中间为平原、洼地，包括太湖及湖东中小湖群，西部为天目山、茅山及山麓丘陵。北、东、南三边受长江和钱塘江入海口泥沙淤积的影响，形成了沿江及沿海高地，整个地形呈碟状。

在湿润的北亚热带和中亚热带气候关照下，季风长期主导着这片湖区的气候话语权。降雨年际变化较大，最大与最小年降水量的比值为2.4；而年径流量年际变化更大，最大与最小年径流量的比值为15.7。这些，都进一步加大了"水"的因素在这一区域的现实影响力。

由于气候地带性变化的影响，太湖流域丘陵山区的地带性土壤相应为亚热带的黄棕壤与中亚热带的红壤。非地带性土壤有3类，其中

02

百湖

滨海平原盐土分布于杭州湾北岸与上海东部平原；冲积平原草甸土分布于沿江广大的冲积平原；沼泽土分布于太湖平原湖群的沿湖低地。这三种土壤，都是与湿地密切相关的土壤类型。

"太湖天下秀"。超过2400平方公里的水面，48岛、72峰，湖光山色，相映生辉，烟波浩渺，鱼虾成群。

太湖只是太湖流域中最大的一个湖泊。在整个太湖流域，大小湖泊共计323个，列入江苏省湖泊保护名录的有94个，占全省总数的68.6%。其中面积大于0.5平方公里的较大湖泊，有189个，总面积约3231平方公里；面积大于10平方公里的湖泊9个，分别是太湖、滆湖、阳澄湖、洮湖、淀山湖、澄湖、昆承湖、元荡、独墅湖，合计面积2838.3平方公里，占流域湖泊总面积的89.8%。

在太湖流域诸湖中，较为著名的有西部的太湖和漕湖，东部的淀山湖、阳澄湖，北部的昆承湖，中部的阳澄湖、金鸡湖和独墅湖。苏州市域内的湖泊均为碟形浅水湖，平均水深2米。湖泊水位涨落缓慢，各湖年内水位变幅均在0.5~2米。

太湖与其他众多湖泊，星星点点，镶嵌在太湖平原上。以太湖为核心，在太湖平原苏州境内的百余湖泊，无论从面积还是其他生态功能衡量，都是苏州湿地最重要的主体部分，是为苏州湿地的"百湖"。

长江之外，苏州还有河。数以万计的河。

所谓"吴地卑下，触处成川，众水所都，号称泽国"。

对苏州来说，数以万计的河流中，有一条河的价值与众不同。

在与东西向的长江近乎垂直的南北向上，京杭大运河越江南下，几乎从苏州城穿城而过。

京杭大运河是世界上开凿最早、规模最大、里程最长的运河。奇妙的是，它的创生与苏州直接相关——从时间上讲，自公元前486年吴王夫差开凿邗沟开始，经历代王朝不断的疏浚整修，至清代末年的漕粮改折为终点，以古运河、隋唐大运河、京杭大运河等不同形态存在的大运河，在中国大地上先后驰骋奔流了2500年之久。

大运河河道从苏州城区环绕而过，与长江、太湖、苏州护城河及城内数百条河道交通互融，组成了完整的城市水系。

运河不仅对苏州原有水系进行了改造，也对苏州水系整合发挥了重要作用。

与长江文明一样，运河文明也是河流文明。但运河文明与长江、黄河、尼罗河等一般意义的大江大河锻造的文明不同，这些主要依托于自然界，但对运河催生的文明来说，人工开凿的河流才是它发生与成长的摇篮，这是运河文明的独特本质所在。

历代统治者之所以对大运河的

03

大运河与
"万河"

疏浚、改造不惜血本，就因为它实际上已经成为古代中国的"主干大街"，承担着政治、军事、交通、经济、移民、商贸、税收等多种重要服务功能。沿运河水陆网络在广阔空间上扩展开去的城市与乡村，它们在社会结构、生活习俗、道德信仰以及人的气质与性格上，无不打上了深深的运河烙印。

因为运河的存在，苏州不再仅仅是一个繁盛于长江的城市，也不再仅仅是一个依傍于湖泊的城市，正是因为有大运河的存在，苏州这个区域历史上人类文明的发展，这个城市的定性，

深深体现出人类与自然相互塑造的隐喻——没有什么比运河更接近这样一种隐喻了。更何况，太湖流域、苏州境内大量的河流，也都是某种意义上的"人工河流"。

苏州湿地水系格局，直接关联太湖水系。太湖流域水系以太湖为中心，分上游水系和下游水系。上游水系包括苕溪水系、南河水系及洮滆水系，发源于西部山丘区。来水汇入太湖后，经太湖调蓄从东部流出，下游水系包括北部长江水系、南部杭嘉湖水系、东部黄浦江水系。苏州湿地水系，主要是在北部长江水系、东部黄浦江水系。

包括大运河在内的2万余条大小河流，是为苏州湿地的"万河"。

一江，百湖，万河。

构成了苏州湿地的主要本底。

苏州各行政区湿地分布表

（公顷）

行政区	合计	内陆滩涂	河流水面	湖泊水面	水库水面	坑塘水面	沟渠
张家港市	25105.04	1898.68	20620.77	2.03		1709.98	873.58
常熟市	28189.16	1320.25	22236.57	2603.24	90.28	1438.63	480.19
太仓市	22375.71	345.36	20623.85		141.43	1000.46	264.61
昆山市	19340.68		8866.68	7407.6		2614.23	452.17
吴江区	38480.12	338.48	7728.12	22560.42		6731.58	1121.52
吴中区	162390.13	1068.08	3397.07	156091.69		1501.03	332.26
相城区	15799.43		3872.32	9850.96		2019.93	56.22
工业园区	7166.80		1518.16	5518.56		125.89	4.19
高新区（虎丘区）	12445.59	36.14	1064.12	10963.31		342.77	39.25
姑苏区	677.73		558	3.59		115.78	0.36
苏州市（总计）	331970.39	5006.99	90485.66	215001.4	231.71	17620.28	3624.35

数据来源于全国第三次国土资源调查结果及 2021 年国土变更数据。

苏州湿地资源一览表

行政区	面积（公顷）	湿地面积（公顷）	湿地率（%）	湿地斑块数目（块）	湿地斑块密度（块/平方公里）
张家港市	98681.45	25105.04	25.44	32213	32.64
常熟市	127651.04	28189.15	22.08	31173	24.42
太仓市	81016.78	22375.71	27.62	22525	27.80
昆山市	93170.36	19340.67	20.76	24627	26.43
吴江区	123755.17	38480.13	31.09	34457	27.84
吴中区	223175.50	162390.14	72.76	9948	4.46
相城区	49000.83	15799.43	32.24	7934	16.19
工业园区	27799.78	7166.80	25.78	1788	6.43
高新区（虎丘区）	33238.17	12445.59	37.44	2921	8.79
姑苏区	8342.70	677.73	8.12	1099	13.17
苏州市（总计）	865831.80	331970.39	38.34	168685	19.48

数据来源于全国第三次国土资源调查结果及 2021 年国土变更数据。

这便是苏州——西抱太湖，北依长江，地处太湖流域碟形洼地，所谓"倚湖控海"，扼太湖下游河道之咽喉，居"三江五湖"之汇口。

空间格局上，长江位于苏州北部；太湖水北泄入江和东进淀泖后，经黄浦江入江；运河水由西入望亭，南出平望；原出海的所谓"三江"（东江、娄江、松江），今由黄浦江东泄入江，由此形成苏州的"三大水系"。苏州是典型的江南水乡特色城市，这里是江南水网的中心和全国河流最密集的地区，因而有"水乡泽国""鱼米之乡"之称。

奠基于在太湖之滨的苏州，全市地势低平，大致呈西北高、东南低，沿江高、腹部低的格局。海拔大多在3.5~5.0米。所谓"吴地卑下，触处成川"，即是由此而来。

苏州的地貌分属于长江冲积平原区和太湖水网平原区两个大区，分为平原、水面和丘陵三种地貌类型，各占全市总面积的54.9%、42.5%和2.6%。水面面积达到全市总面积的40%以上，单从这个数据来看，苏州便是一个典型的湿地城市。

自然区位上，苏州地处长江、太湖两大流域的下游，也是两大流域的交汇点，属太湖平原地区，位于长江三角洲的地理中心。行政区位上，苏州所在地，是江苏、浙江、上海三大省市接壤之地，处于长江三角洲城市群与经济发达区域重要核心地带。

今天的苏州，包括常熟、张家港、昆山、太仓4个县级市以及姑苏区、吴中区、相城区、工业园区、高新区（虎丘区）和吴江区6个区，总土地面积8488平方公里，占江苏省总面积的8.27%。

04

苏州

贰 ● 大江大湖

　　从太空站俯拍的夜晚灯光图上可以看到，苏州所在的长三角区域，特别是太湖流域城市群，也是华夏土地人口最为密集、社会最为繁荣、经济最为富足的区域之一。

　　于中国，长江如同主动脉，将东西中国连接起来，与太湖牵连而过；

　　于长三角，太湖如心脏，生机勃勃，又像一只凝视的眼眸，望向大海，望向东方。

　　很早之前，这里曾经涌现过中华东海岸文明最早的辉光。

　　在华夏文明的发展史上，这里曾经发挥过重要作用。特别是宋代之后，更加如此。文化上百花争艳，人文群英荟萃，沟通南北西东。所谓"鱼米之乡""苏常熟，天下足"，这里沃土遍野，才俊辈出。

　　唐代文学家韩愈曾说："当今赋出于天下，江南居十九"。苏州等沿湖城市更是我国近代民族工商业的发祥地。改革开放以来，以苏州为代表的苏南现代化建设更是发展迅猛，成为中国最富有生机活力的地区之一。

苏州湿地资源丰富，湿地类型多。全市有湿地5类9型。湿地总量大，总面积占全市面积的42.5%，居江苏省第一。

苏州湿地以浅水型湖泊湿地为主。全市湿地支持了丰富的生物多样性，且国家重点保护或珍稀濒危鸟类多，有国家一级保护鸟类12种，国家二级保护鸟类56种。

从自然湿地总体规模上看，苏州湿地量大面广，资源丰富。按照国家湿地调查分类标准的湿地类型来分，苏州全市自然湿地资源共有3类：沼泽湿地、湖泊湿地、河流湿地；苏州全市自然湿地资源主要有4型：草本沼泽、永久性淡水湖、永久性河流和洪泛平原。

苏州湿地资源呈现显著的地理空间区域分异。苏州全市域南北分属长江、太湖两大流域，地貌基底南北分属长江三角洲平原和太湖古潟湖平原（其间穿插低山丘陵区）。北部是以长江和入江河流为主的河流湿地，西南部主要为太湖湿地，东南部为湖泊密集的湖荡湿地。围绕苏州市域北部的长江与望虞河，中部的阳澄湖与吴淞江以及西南部的太湖和太浦河，大小河湖组成了苏州典型的江南淡水网络系统。

苏州市域内自然湿地的分布密度格局，大致呈现出北部沿江地带偏低、南部湖荡地区偏高；西部低山丘陵区域偏低、东部平原区域偏高的区域差异。苏州湿地资源分布广泛，南北分异规律明显。南部以湖泊湿地为主，北部河流湿地较多。偏北部的张家港市、常熟市和太仓市，以永久性河流湿地为主；永久性淡水湖主要分布在偏南部的昆山市和市辖区；其他类型的湿地

05

与湿地共生

数量较少，其中草本沼泽主要为长江边滩涂和太湖边浅水沼泽，洪泛湿地平原集中在长江沿岸。

苏州湿地的另一个重要特点是，由于人口密度大，对湿地开发利用的历史悠久，湿地受人为干扰历史长，强度高，导致人工湿地总量大，受干扰程度低的自然湿地相对稀缺。

在《湿地》一书中，专门对此有提及："中国作为亚洲湿地面积最大的国家，湿地面积在中国各地湿地中有约40%是自然湿地，其余都是人工湿地：稻田和鱼塘。中国的湿地很少像西方国家那样处于半原始状态，大多数湿地能为人类提供鱼肉、牛肉、禽类肉、谷物和其他食物，同时湿地又是动物的栖息地和人类休憩的场所，在中国，人与湿地维持一种共生关系。"

在中国湿地中，苏州湿地无疑是这种体现了"人与湿地共生关系"最典型的案例。

共生是"你中有我、我中有你"的联系，是彼此影响，是深厚的纽带，是难以分割的共同命运，是人与湿地互相之间留下的难以磨灭的印记。人工湿地总量大并不是苏州湿地的"弱点"，恰恰相反，对于湿地这一特别的生态系统类型，人类与湿地的共生关系，在某些方面是提升了湿地的生态价值的，更别说湿地的历史文化价值也会更为丰厚。

《湿地》一书中也特别指出苏州湿地的重要性："在太湖中的实践证明，人类行为可以将不那么典型、生产力不高的水体变成典型湿地，生态功能明显增强了。这也说明了，湿地是一种最适于与人类共生的生态系统。"

早期湿地研究者发现，尽管事实很明显，但许多湿地管理者尤其是那些为了水禽而管理湿地的管理者，往往试图用限制洪水的堤坝隔离原来开放的湿地，进而控制水位。然而对于绝大多数湿地来说，水位的季节性波动是一种规律。动水则相反。一般来说，湿地对水文通量的"开放度"可能是潜在初级生产力的最重要决定因素之一。例如，水体流动的泥炭沼泽早就被认为比水流停滞的沼泽生产力更高。一些研究发现，滞水（不流动）或持续深水型湿地生产力较低，而水体流动缓慢或河流泛滥淹没的湿地生产力较高。

在本底上，苏州地处典型的水网地区，湿地水体连通程度高，同时，大量河流、运河、人工沟渠及水利工程进一步加强了水体的联系，形成了湖荡、河流、沟渠、坑塘等高度关联的湿地水网。这就提供了人与湿地密切联系的基本前提，也让苏州湿地的价值得以体现。

叁

因水成城

温地之城

客来慎勿说姑苏，吊古令人百感俱。

已讶当年尝越胆，更堪此日听《吴趋》。

荒台鹿下江声咽，古木乌啼月影孤。

欲问阖闾埋葬地，五湖东畔已荒芜。

此诗作者是元代诗人戴良。他访姑苏而问"阖闾埋葬地"，是再准确不过的怀古。因为苏州城，就始建于阖闾当政之期。

公元前514年，阖闾刚刚夺取吴国王位。王座未暖，他选择的第一个"政绩工程"，便是在原有的基础上重建吴国都城。重建的规模非常大，甚至可以说是新建了一个大城。

这是阖闾的"千年大计"。他把这个"天字号工程"委派给了伍子胥。

身为楚国贵族之后的伍子胥，因父兄被楚王所杀，只身逃出楚国，辗转漂泊来到吴国。他深获阖闾信任。阖闾上台后，积极推行伍子胥提出的"实仓廪"的主张。可以理解为，这是更靠近华夏文明中心的楚国对吴越之地在观念与技术上的输出。

阖闾的儿子夫差在回顾阖闾攻伐楚国的情形时，使用了一个比喻："譬如农夫作耨，以刈杀四方之蓬蒿。"这个用于形容杀伐的场景，很大可能是阖闾当年鼓励农民拔荆斩棘、开垦荒地的生动写照，确切地说，是围垦湿地的过程。

接受任务后，伍子胥即相土尝水，象天法地，造筑大城。

公元前514年，距今2500多年前，在山海之间的湿地上，苏州就此成城。

历史学家西塞罗曾经赞扬人类改造自然的能力，包括农业、动物驯养、建筑、采矿、林业以及灌溉，用一句名言总结了这一切："最终，通过我们的双手，我们努力在自然世界中创造第二个世界。"

苏州就是人类用自己的双手，在自然世界中创造的第二个世界。

人类一直"缘水而居，不耕不穑"。蒙昧时期，人类居所在河流湖泊附近，取水容易，有捕鱼之利，不受水患侵扰。

一个令人赞叹的例证是苏州吴江的龙南村遗址。该遗址最初挖掘后，是5200年前的水边数间茅屋，具有江南水乡特色，也是苏州发现最早的原始村落。

令人吃惊的是，村落的原址就是现在的梅堰镇。5000多年来，该镇都是依河而筑，隔河相望。江南水乡离不开水，因水而成，因水而亡。通过几次发掘，5200年前原始村落遗址上出现了干栏式建筑。这充分反映了原始村落的河道淤塞后，先民迁徙然后成为公共墓地。经过一段时间，环境变化，水位涨高，原始村落的位置又出现了干栏式建筑，新的依河而筑的村落又产生了（《苏州考古》）。

说起苏州乃至吴地的初始，有两个人的名字不可回避。

第一个，就是太伯。

中国名著《儒林外史》中有一个故事发展的高潮，名为"泰伯祠祭祀"。故事虽然设定在南京，却与整个江南吴地都有很大关系。书中主祭的大贤人虞育德虞博士，就是苏州府常熟人氏。

01

太伯奔"吴"

这里接受祭祀的"泰伯",即是"太伯"。传说中他是吴地始祖,也是吴氏之祖,所以《儒林外史》作者吴敬梓才会花那么大力气描写"泰伯祠祭祀"。

太伯是周文王的兄长,传说为避让王位万里迢迢来到太湖之滨,此后繁衍生息,开疆拓土,这就是"太伯奔吴"。或许他们拥有较土著居民先进的文化,因而受到了拥戴,被立为君长,建国号为"句吴"。这就是吴国的起源(《苏州史记·古代》)。

由于历史久远,即使博学如孔子,在《论语》中也只有寥寥数语概述太伯奔吴的事迹。我们今天能作为凭据的最早的文字来源,是《越绝书》中的描述:"昔者,吴之先君太伯,周之世,武王封太伯于吴,到夫差,计二十六世,且千岁。阖庐之时,大霸,筑吴越城。城中有小城二。徙治胥山。后二世而至夫差,立二十三年,越王勾践灭之。"

当然,太伯奔吴并建立了吴国,也有为数不少的学者并不认同。即如太史公之如椽大笔,却也多少欠缺了一些说服力。宋人苏辙指"史迁疏略而轻信,于地理疏舛",而历史学家顾颉刚直接批评司马迁"于吴越的一些大史事乃愦愦,尚得为良史乎?"

据《太湖文化》一书,有学者认为,古吴地的文化,在夏末商初已立足并发祥在太湖地区,良渚文化在大洪水之后的后人也在本地区生存。"劫后余生"的先人后裔,随着时间推移,伴随矛盾斗争与融合。后来,良渚孑遗的古吴族人口增多,渐成吴地居民主流。

也有考古学家考证,古吴国的"吴"字,从吴人自己出土的青铜器判断,"吴"来自"敔",即"歔"字之变。"歔"是什么呢?古汉语词典中,就是"渔"字的一个异体字。所以"吴"地的"吴",更可能来自古人于湿地中捕鱼这件重要的大事。也有考证认为，"歔"字字源是一个更古老的吴地地名，是"鱼"字上覆"虍"字头，疑似鳄鱼——古吴人一度以捕猎凶猛的鳄鱼著称。

尽管"太伯奔吴"未必完全符合史实，却不妨碍吴地人民长久以来将太伯置于极为尊崇的地位。这一方面是共同体凝聚力的需求，另一方面，也是因为即便太伯奔吴之事有一定虚构成分，但吴地文化确实是受到了中原文化的极大影响。

太伯无嗣，吴国君位便传给了其弟仲雍。仲雍三传而至周章。直至寿梦上台，历13世近500年。春秋初期，吴国敢不把威震中原的齐桓公放在眼中，齐桓公称霸，居然出现"吴越不朝"；楚庄王吞并东方诸国以后，竟然没有威加吴国，反而"盟吴、越而还"。凡此可见，在春秋早、中期，吴国的国力已是不容忽视，而寿梦正是在先辈奠定的基础上开始了进一步的扩张。

句吴在创始之初便受中原文化的影响，至少在贵族上层拥有中原文化的特征。只是在语言、习俗等方面贵族文化未占主流地位。太伯仲雍为了自己的生存发展，甚至采用荆蛮之俗，"断发文身"以示与中原文化的诀别。

吴国的强大是在不断蚕食和吞吐周边侯国的征战中完成的。因此，从统治者本身的目的看是为了国家的安宁而称霸，而从客观结果看，则加速了与周边文化的交流，尤其是与中原侯国的联盟，使中原文化极大地渗透到句吴文化之中，最终融入汉民族文化。

上述一切充分说明，苏州虽然是一个受湿地影响非常大，自然禀赋特点极为突出的地域，但苏州不是一个封闭系统，它与外界一直保持着密切的联系和沟通，既受到外部的影响，也向外部散发出影响力。后面我们会看到，这种从一开始就具有的开放性，对苏州多么重要。

公元前585年，寿梦继承了吴国的王位。他是一个胸怀大志、富有远见的国王。寿梦二年，吴国接受晋国的帮助，培植军事力量，开始了对楚国的战争。由此，春秋时期的吴国掀起了一个发展高潮。吴国从一个被中原人鄙视的"蛮夷之邦"，经过历代吴王的发愤图强，竟然西破强楚，南服越人，北威齐、晋，一度成为号令诸侯的霸主。尽管吴国的霸业仅仅昙花一现，但它对于东南地区的开发却作出了巨大贡献，其影响历数千年而不绝。

在这场短暂的辉煌中，吴国作为与关中、中原相比的中华文明边缘之地，一度首次进入舞台中央聚光灯下，对苏州城极为重要的另一个历史人物也开始了他的演出。

他就是伍子胥。他比太伯在民间传说中的名气更大，对苏州的影响也更为直接。

为了发展农业生产，吴王阖闾重视水利的兴修，据说当时在伍子胥的主持下开凿胥溪，使皖南的宣、歙诸水与太湖相通；后又置五堰以节制。这些措施收到了明显的效果，吴国的农业生产有了很大的发展，史书中有"民饱军勇""仓廪以具"的记载。随着农业的丰收，吴国的畜牧业也大大地发展起来。

值得特别书写一笔的是，出于经营中原、北上争霸的需要，公元前486年，夫差组织民力，在邗（今江苏扬州市北）筑城挖沟，连通长江和淮水。邗沟的挖成，便利了吴国出师北上在交通上的需要，进一步加强了吴王征服中原的联系。这也是苏州最知名的早期运河。

02

伍子胥

公元前514年，阖闾刚刚夺取王位，委派伍子胥在原有的基础上重建都城。这一年被看作苏州正式的筑城年代，迄今已有2500多年[1]。

重建后的都城有水、陆城门各8个，每面城垣各开2个，自西南至东北，分别为阊门、胥门、盘门、蛇门、匠门、娄门、齐门和平门。各门名称均有来历。

城内辟有宽广的街衢和密集的河道。从阖闾都城辟有8座陆门和8座水门的情况看，城内外陆路和水道是相当密集的。由此反映出阖闾都城水陆交通的四通八达，也充分显示出，苏州这个城市从最初建设起，就基于湿地遍布的自然条件下。城市的设计者和建筑者，包括在后来长期历史中的维护、修缮、改建者，无不充分利用这一天然禀赋，在交通、审美、建筑、生活等各个方面发掘人类与湿地零距离接触的优势，回避可能的弊端。

郦道元在《水经注》记载吴地水情，谈到伍子胥的理水见解："故子胥曰：吴越之国，三江环之，民无所移矣。但东南地卑，万流所凑，涛湖泛决，触地成川，枝津交渠，世家分伙，故川旧渎，难以取悉，虽粗依县地，缉综所缠，亦未必一得其实也。"

"水"并不意味着我们今日所见的膏腴之地，在完成大规模的湿地治理与改造之前，苏州是一片"险阻润湿，又有江海之害，君无守御，民无所依，仓库不设，田畴不垦"的荒蛮之地。

即便以今日之技术标准来看，当初伍子胥为苏州城

[1] 王卫平：《苏州史纪（古代）》，苏州大学出版社，1998。

所做的选址仍不失巧妙。翻开地图，会发现太湖东北角有一个岸线极为崎岖的部位，那里是一个山丘密布的地方，其中最高大的两座山——洞庭东山、洞庭西山，还深深地插向湖心，被水包围成为岛屿。这片高起的山丘地带向东逐渐没入低洼的太湖平原，苏州城正坐落于这个交接地带。对于东侧卑潦的碟化洼地来说，苏州城地势高亢、泥泞不沾身，又没有过分贴近丘壑，失掉平敞的地利和临水之便，位置可谓恰到好处。苏州城2500年来从未迁过城址，今天仍被视作一个奇迹，并非偶然。

换一个角度，吴王之所以能够顺利迁都，很大程度上也是因为新的理水技术传入，使苏州附近的低洼湖区有了被开发的可能。

在不同地方的民间传说中，伍子胥被尊为"水神""江神""潮神"，乃至在遥远的山东，民间也奉伍子胥为济水之神。这位苏州城的创建者，身后与"水"不可分离，也可以佐证苏州与湿地深厚的缘分。

伍子胥之外，营造苏州城市水网的关键人物是另一位楚国人春申君黄歇。

公元前248年，黄歇被分封于此。在苏州本土的传说中，人们普遍相信他参与修筑了苏州城墙与城内水网。直到今天，苏州百姓们仍将这位战国时期的"四君子"之一供奉在城隍庙内，把他视作守护苏州的地方神祇。《越绝书》称"楚门，春申君所造。楚人以之，故为楚门"。在城东南设蛇门，出于防洪考虑以助城内之水东泄，维持城内水流平衡。城内基本形成了四纵五横的水网格局。

水门是古城特有的城池构件，内外城河之间的水运通过水城门进出，古城水系的水流也是由水城门进行控制。水门设置对苏州古城具有重要意义。苏州城内长期不遭水患，其中水门建闸发挥了重要作用。

古城通过水门与城外诸多河流相联系贯通，将苏州水系与长江、太湖进行联通，使得城内水系实现"活水周流"。此外，水门还与对应的塘河相连，如阊门连接上塘，胥门连接胥口塘，盘门连接西塘，蛇门连接蛇门塘，娄门连接娄门塘，相门连接相门塘，平门连接平门塘，齐门连接元和塘，水门对于城内外河道具有重要调节作用。

水门设置确立了苏州古城水道的基本格局。水门格局自秦汉起一直被沿袭，在此后2000多年历史中，虽有盈缩，但古城水系的基本框架没有改变。顾颉刚说："苏州城之古为全国第一，尚是春秋时物……其所以历久而不变者，即以为河道所环故也。"

平江是苏州的旧名。南宋绍定二年（1229），时任平江知府李寿朋将当时流传的《平江图》刻于石碑上，这块高2.79米、宽1.38米的石碑忠实地记录了苏州古城在南宋时期的风貌。

这块石碑位于苏州文庙。让今日苏州文庙与众不同的不是曾经兴盛的科考传统，而是珍藏其中的四块宋代碑刻。其中最著名的便是《平江图》，它也是中国地图史上的重要作品，是每一个研究城市规划的学者无法绕开的"里程碑"。

这幅《平江图》最为显著的特点，即是水道与街巷并行，形成了"水陆双棋盘"的基本格局。

"水陆双棋盘"，是在伍子胥所建阖闾古都基础上的升级创新，"水"由此也便成了创造苏州与理解苏州的关键题眼[2]。

古城水道在隋唐的基础上，呈现如《平江图》所示的河道格局，其双棋盘式河网为城内河道纵5条、

2 范亚昆：《地道风物·苏州》，北京联合出版公司，2019。

03

平江图

横12条，相互垂直，基本上控制了全城建筑物分布的大势，呈现出"水陆相邻、河路平行""前街后河"的"双棋盘城市格局"。

交通路线有水、陆两种，水路即城河，陆路即街道。亦有学者认为，图中所绘河道多笔直，一般为南北和东西的直线。城中较大的河道有6纵14横。总长度约82公里。出入城墙的地方有水门和闸，河道基本上控制了全城规划的大势。不仅如此，河道还发挥了饮用、运输、防洪、消防、排污等多种功能。河道又往往和道路平行，河道决定了道路格局，街巷也由此分布。

平江图中刻有城内大街20条，巷子264条，里弄24条，这些街巷一般都与城河平行，纵向街道都在城河东岸，横向街道都在城河北岸。城内纵横河道、街道各自相交时为"十"字或"T"字形。街巷和河道组成相辅的交通网，在整个交通网中，桥梁把被城河断开的街道连在一起，形成一个整体。图上有名可考的桥梁就有285座，加上城外桥梁314座，式样繁多，疏密不均，由此可见，宋代苏州古城呈现出纵向河道5或6条，横向河道12或14条的基本格局。

《平江图》的珍贵意义不只在于揭示苏州的历史面貌，更重要的是，直到今天，它仍能够帮助我们理解苏州古城的基本格局，"水陆双棋盘"的特征仍然清晰。

地处古城西南的盘门正是苏州这一惊人"稳定性"的实证。早在吴王阖闾营建都城时，盘门就是最古老的8座陆上城门之一。在南宋的《平江图》上，"盘"清晰地标注在今日盘门的所在位置——这座水陆两用的城门与苏州古城同龄。

2500余年未曾更名，可见苏州以城墙与水系为基础构建起一个多么稳定的城市框架。春秋时期伍子胥、黄歇们的前瞻眼光直到今天仍不过时，苏州城的选址和规划仍体现着极大的优越性。

2500多年后的今天，诗意的江南进化成为现代化的"长三角"，苏州仍然在伍子胥相中的位置上代言着东方传统的生活方式。它曾经引领过的流行潮流，仍然未曾过时。

在中国最深入人心的"城市民谣"中，"上有天堂，下有苏杭"许是最知名的一句。

这句民谣给了苏州和杭州这两座城市极大的荣耀，所谓"人间天堂"，已经是城市极品。

在经历了漫长的自然改造和人文发展之后，苏杭共同奠定了她们在中国城市体系中的独特地位，作为中国传统文人士大夫心目中理想的栖居家园，"天堂"的色彩赋予两座城市更深刻的人文内涵。在传统以政治为第一要素的中国城市体系中，苏杭以经济与人文的强大影响力突围，并将江南推向整个东方世界都为之向往的目光之中[3]。

作为江南地区的两大中心城市，苏州与杭州之间的对比，一直是城市史学者们津津乐道的话题。

也许在中国乃至东亚广阔的其他区域的人们心目中，苏杭拥有极为相近的江南底色——它们的城市个性是如此趋于相同的完美，但在江南的尺度内，二者的特

[3] 范亚昆：《地道风物·苏州》，北京联合出版公司，2019。

04

"人间天堂"

参 ● 因水成城

性却也有迥然相异的一面。

"上有天堂"之类的民谚，至迟在唐代时就已经出现。尽管今人多以苏杭并称，但历史上，两地的发展进程是有显著差异的。

至少在苏州人看来，苏杭苏杭，都是人间天堂，毕竟"苏"在先。

苏州在春秋时就已成为吴国的都城，而在那一时期，与苏州旗鼓相当的南方城市是绍兴。吴王夫差与越王勾践的故事流传千古，苏州与绍兴也因此带上截然不同的政治宣教色彩。在此之上，还有吴人与越人作为源自平原与山区的人群，在很早之前就已不能不被置于长期而激烈的生存竞争中的因素。

比起"早熟"的苏州，杭州的成名要晚得多，这与西湖地区的成陆进程有关。在苏州和绍兴为了春秋霸主的地位打得不可开交之时，杭州仍是一个浅浅的海湾，今日的西湖尚与大海相连。直到隋朝以后，海潮与河流挟带的泥沙不断在海湾堆积，最终促成了这一地区的成陆，西湖也终于与大海隔断，形成了一个潟湖。可见隋唐以前，今日的杭州根本不存在繁荣的基础，此后才进入了一个迅速发展的过程。

园林与西湖，也是今人理解苏杭的两大关键词。两座古城给人以不同的城市观感，很大程度上也缘于园林和西湖在空间属性上的差异。苏杭不约而同地分别将园林与西湖当作各自最重要的文化遗产，并围绕此来安排城市发展的走向——这种差异被近现代的城市规划放大，两座城市走向了不同的道路。

苏州无疑是中国古城保护最成功的范例之一。太平天国时期的苏州遭到了前所未有的破坏，大部分私家园林被荒废。然而太平天国无意中见证了江南乃至中国城市体系中一次里程碑式的更替，率先完成近代化的上海取代了传统工商业城市苏州，成为中国近现代史上最重要的明星城市。"近水楼台先得月"的苏州更方便地接收了上海资本，那些根植于苏州的地方望族也更有实力和动机去恢复苏州的园林——这是清代同治年间以后苏州园林复兴的重要背景：太平天国摧毁了原生的园林语境，但新的语境在上海的崛起过程中迅速完成了重建。

遍布古城内的苏州园林化身为散落城市街巷的"守护神"，清人沈朝初在感叹"苏州好"时，便称赞"城里半园亭"。明清鼎盛时期，约有270处园林密布古城内外，构成了苏州古城的精华部分，现代古城保护亦由此展开。20世纪90年代以后，规划的两大新区都跳出了传统的古城范围：1990年在城西筹划新区，1994年在城东设立新加坡工业园区。"东园西区，一体两翼"的格局成功地保留了苏州古城自宋代以来水陆并行的"双棋盘"格局，将城市的现代化建设引导到了古城的两侧。

而在长三角的南翼，杭州的古城保护之路显得更为艰难。

2012年，苏州获批首个国家历史文化名城保护区，这是对苏州古城保护的极大肯定。反观杭州，在近现代的城市化潮流中，昔日历史街区几乎消失殆尽，曾经的小桥流水景观也被平路直街所取代。

苏州与杭州的不同走向，不全出于历史的偶然，在很大程度上根植于两地本身的地理环境和核心景观的不同属性。

菲利浦·鲍尔在《水：中国文化的传统密码》[4]一书中这样讲述他对苏州与杭州的感受，或许视角与一般

[4] 菲利普·鲍尔：《水·中国文化的地理密码》，张慧哲译，重庆出版社，2021。

国人又有所不同：

　　"无论如何，苏州同样成功地保留了它作为隋朝江南运河上的枢纽城市时所拥有的许多魅力。杭州西湖被认为是优美的自然景观，而苏州名胜则明显是人工作品——可以说，这更为令人愉悦。著名的苏州园林中设计精巧的池塘和庭院，从令人备感亲近的'网师园'，到占地颇广、公园一般的'拙政园'，都是中国美学的缩影。凭借大运河之水的滋养，苏州城内水道纵横，小桥交错，是官员们退休后思考世界的地方。对于 16 世纪晚期的意大利耶稣会传教士利玛窦来说，威尼斯的确是一个明显的参照物。'这座城市到处都是桥，'他指出，'年代久远，但造型很美……这座城市设定了艺术风格和判断的标准'。据 18 世纪晚期英国马戛尔尼勋爵的审计官约翰·巴罗的说法，苏州是'最伟大的艺术家、最著名的学者、最优秀的杂技演员的学校''它在时尚和语言方面控制着中国人的品位'。隋朝的大运河造就了今天的苏州，沿河运输的货物中，相当大的一部分都是丝绸，这些丝绸使苏州闻名遐迩。如今的大运河，烧石油的驳船穿梭其中，巨大的混凝土桥拱支撑着高速公路跨越其上；但是，如果说还有什么地方有望体验一下从前的河上生活，那便要数江苏和浙江的'水乡'了：西塘、乌镇、同里。它们位于上海和苏州之间，在这一地区，水道和湖泊非常密集，使地图看起来就像是海绵的横截面……会让人明白，诗人和艺术家为何要到水边去。"

　　也是因为上述原因，湿地之于苏州与杭州，就有了不大一样的意义。太湖之于苏州，是一个友伴，苏州本身与太湖之外的大面积湿地深深纠缠，无处没有湿地，无处不显示出湿地的存在与影响。而对杭州则不同。西湖几乎就在杭州城内，但西湖之外，杭州的湿地与城市之间的纠葛却远没有那么密切。一艘小船或可以在苏州城内无处不可抵达，无一处生活场景不可触及，在杭州却只能存泛舟西湖之念，与普通人的生活始终有着并不遥远却很决断的距离和分寸。

　　正因如此，即便"人间天堂"各有各的好处，但"东方威尼斯"的美名，终于还是留在了苏州。

肆

与水谋利

湿地之城

居庙堂之高则忧其民，

处江湖之远则忧其君。

是进亦忧，退亦忧。

然则何时而乐耶？

其必曰"先天下之忧而忧，

后天下之乐而乐"乎！

　　这段国人耳熟能详的名句，出自范仲淹的《岳阳楼记》。《岳阳楼记》开篇一句便是"庆历四年春"。

　　庆历三年（1043），范仲淹从形势稍缓的西北战场抽身回到权力中枢，担任参知政事。这一年也是"滕子京谪守巴陵郡"的前一年，范仲淹的这位好友在另一个著名大湖所在地巴陵即今岳阳为主官，不知两个人在理水方面有没有过专业性的交流。是年范仲淹呈上《答手诏条陈十事》，其中特别谈到水利，"江南旧有圩田，每一圩田方数十里，如大城，中有河渠，外有门用，旱则开闸引江水之利，游则闭闸拒江水之告，旱涝不及，为农美利"。

　　再向前九年，北宋景祐元年（1034），范仲淹调至苏州。那年苏州发生水灾，范仲淹命令民众疏通五条河渠，兴修水利，导引太湖水流入大海。

　　这次洪灾中的表现为范仲淹加分不少，第二年，因治水有功，范仲淹被调回京师，判国子监，很快又转升为吏部员外郎、权知开封府。

　　一代明相的政治生涯，在苏州，因水而加速上行。

在中国，关于水最著名的名言之一是"水可载舟，亦可覆舟"。它形象地将水之于人的"双面性格"刻画出来。

人类最初与湿地相遇，就感受到了这种两面性。湿地有温存宽厚慷慨的一面，但这一切不是垂手可得，需要人类做出努力，付出代价。

我们将要讲的，是"理水"的故事。

如你所知，这个故事将漫长而跌宕。它是人类与湿地的对手戏。双方竭尽所能，反复试探，终于找到一个可持续而健康的相处模式。

这一出戏，上场的毫无疑问有很多"明星人物"。他们的背后，是苏州这片地域上一代又一代无名的劳动人民，那些舞台上真正的"主角"。

最早出现在舞台上的是大禹。这位中国治理水患最著名的人物，中国最早一个"朝代"的奠基者，"理水"文化精神的象征者，足迹遍及九州，其中包括太湖。在江苏，大禹的功绩包括"治江导淮，疏九江，决四渎"。在太湖流域，据说大禹疏导了太湖水系，"三江既入，震泽底定"的功劳，也是算在大禹头上的。今日苏州吴江区震泽古镇东端还有一座"禹迹桥"，镇南还有一个"蠡泽湖"，相传大禹治水时曾在此力斩黑龙。

与后来的太伯、伍子胥等理水精英一样，汉代以前出现在舞台上的诸位明星人物，身上多少都有神话传说的光环与迷雾，就像在这一阶段仍然面目不显清晰的太湖一带湿地一样。也许很多具体的功绩并不是他们所为，但可以肯定，大禹所代表的"理水"思路，或者说，治理水患、管理湿地的思维，他那举世

01

理水

皆知的"疏"与"堙（堵）"之间的抉择，深刻地影响到后世的理水实践。他自然不会想到，在他之后的2000年间，在太湖流域，"理水"的选择某种意义上仍在"疏"与"堙"这两个路径之间游移。

大禹之后，是太伯。这位传说中从当时的华夏文明中心——中国的大西北，跨越大半个中国来到太湖之滨的周朝王室族裔，竟然似乎比湖泽之地的人们更懂如何治理湿地、兴修水利。据传，在公元前1122年[1]，他率领吴地民众开凿了一条长约28公里、宽28米的"太伯渎"。据传这是吴地最早的运河。

吴王寿梦时代（公元前585—公元前561）吴楚相

[1] 水文化丛书编委会：《水利名贤》，河海大学出版社，2017。

通后，吴国的理水技术得到了迅速提升，国境东部大片荒地得到垦拓，不到六七十年，吴王阖闾、夫差即称霸中原。这是一个里程碑式的事件，作为一个长期被忽视的边缘地带，太湖流域从这个时候开始真正进入了华夏文明的视野。实现这一转变的基础，就是吴人在楚人的影响下，找到了一种与水共处、与水谋利的生存方式。

吴国的南邻越国也在同时传袭着这种技术。越王勾践灭吴后，迁都至吴的旧都苏州，越人在吴国故地统治的百余年中，进一步发展了水利技术，将围田推进到太湖东岸碟形洼地的腹地。越人挖土，堆筑成垫高的"陵道"，既方便行路，又起到挡水作用，更方便建筑围田，这也是太湖水乡建设大型堤堰的起始。

围田的本质可以理解为人与水争地，通过围挡筑堤把原有的湖泽或河面占据成田。

在人类活动尚少、天然水域还有足够空间的时候，松散零碎的围田还不至于影响到河湖的正常排水。但随着西晋永嘉之乱后，江南人口迁入越来越

多，人地矛盾、人水矛盾也开始突出，大量围田堵塞水道，导致水患日增。

这就需要在开荒垦拓的时候有计划地预留出行洪泄水用的沟渠，使田亩与水道循形就势，有序排列。传统上，这些人工沟渠，横者称为塘，纵者称为浦，规划有塘浦系统和灌溉功能的水中之田称为"圩田"。"围田"与"圩田"，读音相同，形制相似，最大的区别在于发展的程度。农史学家缪启愉先生认为，"围田"是围水造田的初级形式，比较自发、粗放，而"塘浦圩田"则是它的升级状态，与我们今天能够看到的江南水田已经比较相似了。

唐及五代之后，在人类的不懈改造下，太湖平原终于从泽国变成水乡，一定程度上，理顺了人与水的关系，这片土地的生产力被完全释放了出来。

在人类与湿地持续数千年的博弈之中，"理水"也经常被称为"治水"，或者被简化为"水利"。但这显然并不符合历史的全貌或真相。诚然，"治水"和"水利"非常重要和突出，但"治水"将"水体"简单地视为一种危害，将人与水的关系定义为征服与压制，而"水利"也同样无法概括这场漫长的纠缠，"水"在这里变成了纯粹的客体，变成了一种死板的资源和工具。然而事实绝不止于此。

也许在接下来的文字中，我们不得不照顾到传统偏好的表述口吻，仍然在有些地方使用"治水"和"水利"来叙述人类的努力，但读者必须明白，只有在将人类面对的一方按照"湿地"来理解，才可以真正触达这种关系的本质。

湿地是活的，是一种生态系统，它可以被认知也可以被改造，但它也充满了不确定性。湿地潜藏着洪水、疾病……各种危险，但也同样有慷慨的馈赠。人类与湿地的关系不可能也从未曾是僵硬、呆板的征服者和被征服者的关系，双方有对话有博弈，有进有退，这是一个生态共同体内部两个成员之间的互舞。

同样原因，当我们在这里描述湿地时，所指也不会局限于今天的苏州行政区划地图上那个"苏州水系"。湿地作为一个生态系统，它必须在完整、连通的状态下审视，才能避免盲人摸象的错误。在前面和后文讨论苏州湿地时，我们还将不可避免地考虑到苏州湿地的下游，包括今天在上海境内的湿地。在现代之前的大部分时间里，这个区域不仅在行政区划上与苏州相隔不远，甚至在早期尚未成陆。这一区域的湿地与苏州境内的湿地密不可分，从来都是一体的。

但湿地距离被"驯服"还早得很。

太湖地区是我国著名的"鱼米之乡"，然而从历史资料来看，洪涝灾害并不稀少。其次数之频繁，灾情之严重，不亚于其他地区[2]。据统计，公元300—1900年，太湖地区见于文献记载的水灾达245次之多，平均6.5年一次。史称"水患为东南之大害"。

太湖地区的严重水患是与其特殊的自然环境密切相关的。除了区域降水特点，地势平衍低洼向外排水不畅，也是重要原因。太湖地区地势过于低平，而江海潮位又相对较高，潮差较小，所以出水河港水平流缓，宣泄不畅。

清代沈彤说，太湖地区"不患来水之多，而患去水之少"。由于地势平衍，而且高低田的田面差甚小，广大湖沼洼地又低于一般汛期河湖水位。因此只需有数分米的涨水，泛滥的范围就很大。

太湖地区历史上的河湖水域十分广阔，水位上

[2] 汪家伦：《古代太湖地区的洪涝特征及治理方略的探讨》，《农业考古》1985年第1期。

02

凛冬

肆 ● 与水谋利

涨慢。但因地平流缓排泄迟滞，水位一旦抬高以后，退落很慢。因此，历史上每遇大水，浸淹的时间都很长，少则数旬，多则数月半载。例如1561年6月大水，"水至翌年二月始退即"。全年无收，饥民流离失散。

受自然条件的制约，太湖周边一般城镇多位于河滨水涯，基址不高，通常与其周围农田的高程相平。太湖洼地平原高度一般在4米以下，而五十年一遇的洪水位平均在4.6米，三十年一遇的洪水位平均在4.3米。因此，一遇大水，城镇往往难逃浸淹的厄运。近千年来，"大水侵城郭""舟行入市""城中街道泛舟"屡见于文献记载。

唐末五代时期，太湖地区的理水初步形成体系，开始将治洪、排水、灌溉、水运等有效地结合起来，发挥综合效益，这一时期是治水高潮期，众多治水实践活动兴起，治水经验不断积累。

唐代前期，太湖地区经济与黄河流域相比，总体来说，还处于较为落后的地位，根本原因在于"地大人鲜"，无力开发遗存的大片泽涝之地。经过唐代前期100多年的发展，至唐中期，其人口已达到较高水准，但仍不足以充分开发该区地利，太湖东仍有大量湖沼之地处于待开发状态。而755年"安史之乱"爆发，北方逃离战乱的人们，大量流入相对安宁的太湖地区。正如唐代大诗人李白所言："三川北虏乱如麻，四海南奔似永嘉"。由此，为唐末及五代对太湖流域环境的进一步有效治理，提供了相应的人力资源。

以此也可以看出，包括永嘉之乱、安史之乱直至后世各种北方战乱，江南都成为一个北方民众逃难的庇护所。之所以能如此，首先是太湖流域大面积湿地下的稻作生产模式相对比较稳定，其次，也是因为湿地面积广大，有足够大的环境容量。当然，每次北人大量南下，就会促发一次湿地的大规模治理、垦拓高潮。

宋代之前，经过孙吴、东晋、南朝和隋唐五代数世纪的开拓经营，自然面貌逐渐改观，这一时期人们确实进行了卓有成效的努力，取得了显著成就。同时苏州地区在长期治水实践中，历朝历代产生了诸多的治水思想，并在水利技术方面不断创新和进步[3]。

[3] 胡火金、苏州市水务局：《苏州：水文化概论》，苏州大学出版社，2020。

这是一场足够长的接力赛。中国的政治社会进入王朝更替的循环，但无论是战乱还是和平，苏州湿地的管理始终不曾停止。

到唐宋时期，治水者已经具备较多的治水经验与一定的治理水平，但是直至北宋时期，经验才得到总结，具有代表性的治水思想和理论才逐渐发展起来。

为什么是北宋呢？

10～12世纪中国气候加剧转寒。北宋初年天气尚属温暖，但自11世纪初开始，气候转寒[4]。太宗雍熙二年（985），江淮漫天冰雪的奇寒天气再度出现，5000年来第三个小冰河期再度莅临中国。淮河、江南、太湖流域曾经完全结冰，车马可以在河面通过。到12世纪初期，转寒趋势更加明显。北宋政和元年（1111）曾出现太湖全部结冰的罕见现象，湖面冰厚至可以行车。同一世纪里，还发生过苏州运河冰封和福州荔枝冻死的情况。而根据历史上常见的规律，平均温度低2℃，北方

[4] 王德峰：《宋元环境变迁史》，中州古籍出版社，2021。

03

接力

游牧民族或渔猎游牧民族就有了南下的动力。

北宋初期，一反唐五代时期的方针，实行水利以漕运为纲，"转运使"取代了"都水营田使"。"江南不捻，则取之浙右，浙右不稳，则取之淮南"。为了贪图漕运的方便，不惜将河网赖以控制的堤防堰闸系统，"一切毁之"。堤、河、闸三者如鼎足，是水网圩田的命脉，毁坏它们，必然使河网失去控制而趋于紊乱。

在自然和人为因素的综合影响下，到北宋中期，理水局面日益趋于恶化，吴淞江渐形萎缩，东北三十六浦除白茆、福山等港还较通畅外，余均淤塞严重，东南出海诸港也大都宣泄不畅。

水网场田系统的毁坏，还突出反映在大圩古制的肢解方面。唐五代时，太湖圩区牙场相接，场子规模很大，"每一场，方数十里，如大城"，面积在1万~2万亩之间。那种以横塘纵浦为四界的大圩，以完整的河网为依附，是屯田制的产物，它必然要随着屯政的废弛和河网的毁坏而趋于解体。

历史上还有不少人将宋以后太湖水网圩田的毁坏归咎于盲目围垦。他们认为宋室南渡前后，强宗巨室大肆围占河、湖滩地，造成水面日蹙，水道阻塞，进一步恶化了圩区水情，加重了洪涝灾害。南宋以来围田几乎成为论太湖水利的众矢之的，直至明清也余锋未尽。

在北宋这个理水英雄群星闪烁的时代，首先出场的人物，是范仲淹。

范仲淹的出现也成为一种标志。在他之前，无论是传说还是信史，理水的主要人物是地方官员——至少是有着相对更为单纯的官员身份。范仲淹不一样。他是治世名臣，同时也是中国文学史上数得着的文学家。

范仲淹之后，我们还将看到很多出色的文人兼官员，在理水前沿鞠躬尽瘁、殚精竭虑、躬身入局。他们大多也是中国儒家文化的传承者与践行者。在他们身上，除了能臣的精干，也有深厚的情怀。这让未来数百年间关于理水思路的各种探索、争鸣，具有了别样的人文色彩。

在范仲淹之前，也有众多不那么出名的理水者，范仲淹算是宋代苏州治水实践的集大成者。范仲淹所倡导的"修圩、浚河、置闸"治水方略，是后人治理苏州水网圩区的重要理论根据。

范仲淹于景祐元年（1034）至二年（1035）十月任苏州知州。他曾上书宰相吕夷简，提出要根治苏州水患，必须疏浚太湖东北方向的港浦，不但使之下泄松江，还应该使之从东北进入长江。

景祐二年他亲自督浚白茆、福山、黄泗、浒浦、奚浦、茜泾、下张等港浦，导诸邑之水，为重兴苏州水利打开了僵局。他主张新导之河（指通江达海港浦），一定要设挡潮闸，以便旱时蓄水，涝时开闸排水。范仲淹"又于福山置闸，依山龙为固。旧址今尚存，人名曰'范公闸'"。

范仲淹的治水思想，体现了

04

群星

治水与治田的结合，妥善地解决了蓄水与泄水、挡潮与排涝、治水与治田的矛盾，不失为当时治理太湖的一种好方法。

范仲淹在皇祐三年（1051）病逝。去世前两年，他曾调任杭州知州。杭州与苏州相比，需要范仲淹在湿地治理上展现能力的空间小了很多。但在杭州这两年也有重大收获。范仲淹一生圈粉无数，王安石就是他最大的"迷弟"。范仲淹来到杭州做官，王安石也在不远的宁波做官，一直追不上偶像脚步的王安石意识到机会来了，当即赶到杭州拜见范仲淹。

范仲淹之后，理水接力棒传给了一位苏州人——郏亶。郏亶是太仓人，出身农家。范仲淹去世20年后，熙宁三年（1070），催动变法的宰相王安石征集治国良策，郏亶上书《苏州治水六失六得》和《治田利害七论》两篇文论，受到王安石赞赏。

郏亶的治水主张主要可以概括为水旱并重，高低兼顾，以治田为主，以治水为后。熙宁五年（1072）他被任命为司农寺丞，提举兴修江浙水利，但施工仅一年工程就中辍，他罢官回乡。

郏亶的治水思想，本质上有复古之意，赞同唐代的治水思想及"塘浦圩田"的治水方法，力图恢复已经废弛的"塘浦圩田"：他指出苏州治水有六失，也主要认为没有重视维护塘浦圩田工程。

但郏亶的治水思路，未免有点刻舟求剑。他看到导致理水局面变差的直接因素，却未能注意到"塘浦圩田"废弛，有更深层次也更难改变和抗拒的经济社会原因，无视这些时代因素，单纯想维持旧制，当然很难。

郏亶开始半途而废的理水工程时，单锷（1031—1110）已经乘着小船在苏州、湖州、常州的水面上晃了20多年。还要再有10年的野外考察，他才会推出他的大作《吴中水利书》。这本书系统阐述了单锷治理吴中，特别是太湖蓄泄失常的水利思想。

单锷是江苏宜兴人，嘉祐五年得中进士，但当时他并未就官，而是开始了自己的水学专业研究生涯。他的水利研究坚持了30年，从风华正茂的少年一直到成为年过半百的长者。

相传有一次，单锷在途中遇到一伙强盗持刀抢劫。单锷将银两尽数交出，只愿他们能留下自己性命，为百姓写出一部治水的书。听到这里，强盗们纷纷放下了武器。原来，他们的家人都在洪灾中受难丧身，他们被单锷的信念感动，不仅放了他，还赠送他一些银两做盘缠。

单锷的治水思想主要在于治洪，他总结水害原因是"积而不泄"："水积而不泄，是犹有人焉，桎其手，缚其足，密其众窍，以水识其口，汉而不已，腹满而气绝，视者恬然，犹不谓之已死"。

中国传统的"水利学家"们并不一定缺少理水实践，但他们既出身于文人，当时又缺少相应的理论框架，很多人习惯于用人体来比喻湿地系统。虽然自有切合之处，但也有牵强附会的不通之论，也并不奇怪。

太湖地区的治水，需要通畅水路，原无可非议，但单锷"排"重于一切的治水方针，认为凿通吴江长堤就可以解三州水害的治水观点存在片面性。

单锷的治水方案限于时局未能获得实践的机会，但他的《吴中水利书》以及治水思想流传很广。北宋晚期，郏侨、赵霖的治水思想与实践皆受到了单锷的影响，南宋治水者多采取其以"治河"为中心的策略，在士人文集和考试策问中亦常提及其理水思想。明代金藻总结宋以后太湖东部地区的各种理水思想，提出了三江水学的概念，郏亶、单锷、赵霖因为各自有偏重，分别被称为治田派、治水派与置闸派。

明清时期的水利专书以及地方志更是全文抄录和摘引单锷的治水思想，明永乐、正统年间，地方官员多遵循单锷"治田先治水"的方案，进行水利实践。

接力棒传到了郏侨手中。郏侨系郏亶之子，他继承父志，研究太湖水利，取舍前人之说，参以己见，著成《水利书》四卷，俗称《郏侨书》。郏侨综合范仲淹、郏亶、单锷之学说，扬长避短，取三人之精华，舍其不当之处，基本上可以代表北宋时期太湖地区治水之策。郏侨对太湖地区的治水进行了全面、系统的论述，还提出了以吴淞江为宣泄太湖洪水专道的新设想。

宋代之后至清末，仅有关太湖流域水情的著作文章就有上百种，在全国的地区性水利著作中实属罕见，也充分证明苏州湿地治理的重要性和复杂性，这种重要性和复杂性延绵至今。

湿地的治理从来都不是一个简单的水利技术问题，也不能只看到自然地理形势和水文特征等因素。所有的"水利"或"治水"问题，都不可能脱离具体的社会变化，当然也不能不注意到更大尺度的气候变化、技术进步。

任何一位试图提出自己理水方案的学者或官员，都不能不考虑到大量来自人类社会本身的因素，包括社会结构变迁带来的环境压力，不同利益主体造成的变数。即便在常态下，也可以看出有不同侧重点，比如是以对洪灾的治理为中心，或者是以湿地周边粮食生产作为中心，又或者以北上的漕运为中心。不同侧重点，会影响湿地治理的具体方向选择，也会造成不同的后果，有时候并不能尽取其利而回避其弊端。

一个例证是《高乡与低乡——11到16世纪江南区域地理历史研究》中所提出的，在太湖流域湿地的开发、整治、改造和管理历史中，曾经有高乡和低乡之分。作者谢湜的研究表明，在两宋时期，低乡的开发整体早于高乡，低乡不少市镇居于水路要冲，坐享商货辐辏之地利，有了一定的商贸聚落基础。一部分元末兴起的低乡市镇，在明代中期跃升为巨镇，其繁盛大多持续到清代，乃至今日。高乡地带则是从元明之际才走向全面开发的，明中期兴起的这些高乡市镇，大多是脱胎于村落的新市，而且多由各姓民人创建，数量颇多，规模相对于低乡则较小。可以说，高乡市镇的兴起代表着一条新的市镇发展脉络，这一脉络反映了元代中后期到明代中叶江南的地域开发进程。一般认为，种植结构与

05

湿地治理不简单

水路运输条件的差别是造成发展不同步的主要因素，而这些因素都深受湿地环境影响。

战乱或灾荒造成人口大量迁移，导致"人稠地狭"，也会对湿地治理难度与主要侧重的问题有决定性影响。在《宋代苏南地区人地矛盾及其引发的农业生态环境问题》[5]中，钱克金指出，在以农业占主导地位的传统社会，人地矛盾主要表现为：以"人稠地狭"为主要原因，导致人类过度垦伐，酿成自然环境朝着不利于人类生存和发展的方向恶性演化，自然最终以水旱灾害等形式对人类加以"报复"。历史上如元嘉之乱、安史之乱、宋元易代等等重大人口迁移事件后，江南的湿地治理局面都会发生重大变化。湿地影响人类社会，而人类的变化反过来也会塑造湿地，这一幕在数千年历史上反复上演。

湿地治理、开发与管理，甚至仅仅从单纯的水利工程而言，都是极为复杂的，人财物资源的动员、分配，工程的推进，尤其是不同利益群体的妥善处理，都需要主政者既有智慧，又有勇气，既有理想主义的长远目光，也有对现实的深入了解，视野尽可能宽阔，手段尽可能精到，构建起可行、可持续的责权利机制，才有望顺利推进。宋代以后，涉及湿地治理的机构日渐复杂，互相既有支持补位，也少不了扯皮、掣肘之事，对

[5] 钱克金：《宋代苏南地区人地矛盾及其引发的农业生态环境问题》，《中国农史》2008 年第 4 期。

主事者考验更为艰难。

湿地本身，利害一体，其利未必利于全体，其害也未必害于全部。从社会阶层或群体的角度，不仅利益很难均分，灾难本身也是有"阶层性"的。而这些都加大了治理湿地的难度和复杂性，不再是生态环境的自然科学或水利技术的工程学可以囊括解决。

南宋中兴四大诗人之一的范成大，是苏州本地人（平江吴县），也是著名的地理学家，于湿地治理尤为投入。他"尝躬耕昆山之东鄙"，得知"其诸乡稻田濒积水处，自绍兴二十八年（1158）以来岁岁筑堤，随即湮灭，民间拱手罪岁归之天时"。但他与老农商计，才得知筑岸作堤的主要困难在于佃户无力自固塍岸，官府又不能在农闲时稍助工食，所以田地荒弃的现象经常出现。这就不能简单归罪于"天时"了。

范成大在考察中还提到一件事，他发现种荄有利于护堤固田，而且在江东大圩发挥了水土保持作用。但当时昆山低乡有的荄葑"却因军队牧马而受到破坏"。不过有比范成大稍早的谏议大夫史才已经明确指出过兵卒在低乡沿湖地区占据坝田的现象。根据史才所言，似可推测范成大提及骑军牧马毁荄一事，恐怕是名指毁荄，实则占田。

由此可见，由于围垦主体从军队到地方，从民间到官家，立场不同，利益纠缠，管理中要做到令行禁止，非常困难。

宋之后数个朝代，都有官员提到类似矛盾。坝田围垦引起的矛盾不只发生在军田和民田之间，也有得到官府默许的所谓"公共溉田"。这种湖荡围田可以招佃垦种，但是没有圈定面积，于是大户常常伺机扩大围垦并认作永业田地，即随意改变了土地使用性质，类似于近代在泄洪区种田。

南宋讨论围田问题的文章更多，"每见陂湖之利为豪强所擅，农人被害""官府鼓励垦殖而豪右兼并之家既众，始借垦辟之说并吞包占创置围田"。

这些豪宗大姓，官府往往无法撼动其利益。加之不同朝代，还有一些特殊户籍的人口，可以规避相关律令，有时是大户与小民结成利益共同体，又涉及治理湿地经费来源、动员劳动人口等问题，一般地方官员，特别是专门的水利官员，就越发难以触动相关利益，更别说在根本上改革体制。

太湖东部的江南地区有着特殊的地理形势和水文形势，这种形势决定了这一区域有着与其他大河流域不同的水文格局和治理模式。黄河中下游的治水模式是一般的自流灌溉体系，太湖东部地区的水流灌溉体系则是溢流灌溉体系。出太湖水流在冈身与低地、潮水的作用下，也是一种溢流系统。溢流体系以太湖和太湖东部的低地为核心，以吴淞江为主干河网，支流密布于传统的苏州、松江、常州、杭州、嘉兴、湖州诸地区，有独特的清、静、活、缓水流和美丽的景观。这种水流所形成的水环境和生态环境，支持了宋以后江南的市镇繁荣、农业高产和物种丰富。

古代水流的优点是清、静、活、缓，古人以自然的法则将水流控制在一个恰当的水平上[6]。鱼类和水生植物的正常生长、作物的灌溉、园林的维持、污染的治理，皆赖活水。古代没有现代的技术和动力条件，官员们进行总体规划时，考虑整个地区的水流状态。

[6] 王建革：《水乡生态与江南社会（9–20世纪）》，北京大学出版社，2013。

06

湿地生态价值

现在，技术已大大提高，机械排灌使主干河道流速很快，但整体的水流失去了清、静、活、缓的特点。人口增多，供水用水程度加强，干支互动相对减弱，许多区域出现死水化和污染化的状态。

今日对湿地和水体的治理，已经达到古人望尘莫及的程度，但古人的治水理念，有些也自有其价值，比如进一步恢复古代的水流优点，促进水流的清、静、活、缓。如果不重视湿地作为生态系统的功能性，则单一的水利视角只重排涝，却未必能兼顾水质污染，藻类和水生植物的危害也会发生。

一个地区的湿地生态，在长时段上是不发生重大改变的，发生重大改变时，往往形成人为的灾难。在新的形势下要使长三角的水生态有可持续性，必须强调传统水流动态的活水周流的恢复。古代的活水周流，体现在圩田系统中，也体现在运河和苏州等传统市镇的用水供水的体系，其经验非常值得重视。

五代时期太湖东部溢流水利系统下的低地与高地水流一体化状态形成活水周流。到明清时期，传统河网经常处于死水化状态，古人却仍以活水周流为目标进行治理。

在活水周流的基础上，官方进行大小河流的疏浚，使水网重新处于活水周流状态。官方动员农村地区的人员参与水利，实施一种类似现代河长制的制度，村民维修小河道，县里维持主干河道，各级水道互通。

圩田结构与活水周流的恢复，应该尽可能地利用土壤的净化作用，不是清水，应尽量减少管道排灌。在北方和其他地区，管道灌溉可以抗旱，减少蒸发；江南是溢流区，水量丰富，不必增加管道，较多的水面本身可以形成活水周流和水质自净。

河道的自然状态有一定的生态合理性。溢流格局使清、静、活、缓水流得以存在。河道的弯曲、自然冲淤、水生植物的分布，都有其自然调节的功能，水质也会在这种自然的调节下得以澄清，水生植物和鱼类也会因此而繁盛。太湖东部诸水流在一定程度上缓流和淤积，截留了大量的泥沙，同时也形成了一定的

水生植物以过滤水质。农民挖河泥筑圩岸，施泥肥于田中，形成一定的生态自循环使水质变清。古人对这种水文生态原理有一定朴素的认识。

从美学上讲，欲恢复古典式田园风光，也应该保持河道的自然弯曲。有必要在不妨碍机械化耕种的同时对水网进行弯曲化改造，也应增加水生植物和圩岸上江南特色植物的种植。

在"水利工程"之外，实现湿地环境的良性改造，有一个成功案例。

明清时期的江南农民挖河泥，使水流和土壤营养元素在小规模乡村河道和农田环境下形成自循环。早期水面较多，圩田较少。晚期圩田较多，水面与圩田的开发利用使景观丰富多样。垦种水缘，一方面使水面被侵占，但也可能形成留淤，使水环境得以洁净。就河道而言，也是此淤彼垦。一方面不断留淤，一方面不断疏浚，不断挖河泥，总体上有更多的泥沙留于稻田，河泥增肥了土壤，水流也得到净化，这是传统有机农业的一大益处。

在桑基围田区，不断地挖河泥自然将泥堆叠于圩岸。有学者认为300年的堆叠就会形成1米高的耕层。挖河泥堆叠圩岸，植桑养蚕，净化了水质，也支持了传统江南最典型的生态系统，即桑基农业生态系统。

苏州市湿地保护管理站供图

太湖流域的古代水网支撑着传统中国发达的稻作农业和市镇体系，养活了高密度人口，提供了大部分的国家赋税。密布的水网像一张遍布江南的过滤网，河道泥沙和污染通过自然留淤和人工挖河泥形成良性的生态循环，水质得以净化。江南的开发，随着景观美化和农业物种的丰富，最终成为"鱼米之乡"与人文荟萃之地，这一切得益于这种水流与圩田网络。一个地区生态循环系统的结构，有长期的持续性和稳定性，要使现代长三角有良好的水生态环境，必须对长期生态文明史中的稳定的湿地生态结构有所承传。

一个民间谶语可以说明，自然环境变迁会对社会经济发展产生制约、影响，民间也早有察觉，并且试图进行总结。自宋代以来苏州地区长期流传着"潮过夷亭出状元"的谶语并且屡有应验[7]。这一文化现象虽是地域文化发展的结果，但也有着深刻的环境变迁背景，它较为精确地反映了娄江水利形势的历史变迁。夷亭又作唯亭或作潍亭，位于苏州城东30余里[8]，距昆山县城西35里。唐宋时期，苏州与昆山之间的广大地区南接吴淞江，北临阳澄湖群，处于丰水的湖沼状态。历史上，当下游娄江河道淤塞时，潮汐向上分散涌入众多塘浦支流，在沿河道上溯时能量逐渐损耗，当遇到较大面积的水面时能量被消耗殆尽，并且还受到水闸的限制，就很难越过夷亭。当加强对这一地区通江诸浦的治理，河道开始不断发育后，潮汐方可越过夷亭。史上多次谶语得到应验，证明在河道得以清浚治理时，苏州地区的经济社会发展会迎来一个小"高峰"，状元迭出。

[7] 孙景超：《苏州状元谶背后的环境变迁》，《史学月刊》2008年第11期。

[8] 里：市制长度单位，等于500米。

伍

鱼与米之歌

太湖襟带三州，东南之水皆归于此，

周行五百里，古称五湖。

郭靖从未见过如此大水，

与黄蓉携手立在湖边，

只见长天远波，放眼皆碧，

七十二峰苍翠，

挺立于三万六千顷波涛之中，

不禁仰天大叫，极感喜乐。

　　《射雕英雄传》中，太湖归云庄一节，金庸曾这样描写太湖美景。

　　也是在这一章节中，金庸写到太湖水盗。太湖上确曾有过水盗，苏州人称为"太湖强盗"。太湖港汊相通，湖边连片的芦苇纵深，易于藏身，很容易成为湖匪出没之所。清同治三年（1864），因政府裁军，大批裁撤下来的淮军、湘军进入太湖，湖匪与难民形成匪帮。那是太湖水盗的一个"鼎盛时期"。

　　水盗既非正道，也只是在特定历史背景下才声势嚣张。但人类在苏州与湿地相逢数千年上万年，自有依湿地生存的正道，此所谓"靠水吃水"。而由此道，也极大地影响到苏州人类社会的结构形式，甚至在相当长时间里造就了一个特殊的靠打鱼为生的水上族群。

[1] 马克思、恩格斯：《马克思恩格斯选集》，中央编译局译，人民出版社，2012。

"蒙昧时代是以采集现成的天然物为主的时期；人类的制造品主要是用作这种采集的辅助工具[1]。"蒙昧时代相当于考古学上的旧石器和中石器时代。在蒙昧时代，人类有两种方式从自然界中索要"现成的天然物"：渔猎和采集。太湖湿地中的鱼类、龟、鳖以及螺蚌等贝类就成为活动在湖泊湿地附近人类捕捞的对象。这种生存方式在中国古代的典籍中都有记载。《礼记·礼运篇》记载："昔者……未有火化，食草木之实，鸟兽之肉，饮其血，茹其毛；未有麻丝，衣其羽皮。"

这个时期的人们完全是"靠天吃饭"，因为人类渔猎和采集活动，仅仅是猿的生存本能在人类社会初期的延续和发展。但是在农业起源之前，人类作为"文明人"要保持个体的存活以及种族的延续及壮大，就必须从周围环境中索取赖以生存的物质资源，因此人类99%的时间就是在采集–渔猎的阶段中度过。采集–

01

"靠水吃水"

渔猎生活是到目前为止"文明人"所能达到的最为成功、最为持久、最能适应的生活方式。

当然，原始人类所处的攫取性经济时期是相当艰苦的。早期人类面对的苏州地区布满湿地，是一片"沮洳泽国"。湿地生态系统并不那么稳定，不能如很多森林一样提供大量的果实以供采摘；湿地虽然是生产力巨大的生态系统，但也不如草原那样有足够多草食动物可供狩猎。

湿地在早期的、无力的人类面前，有刻薄的一面，但也有慷慨的一面。在9000—3500年前这一历史时期，太湖湿地由于江河水面上升以及河床淤积，确保了湿地的较高水位。

有水，于是有鱼，水大鱼大，然后有"渔"。"渔"，毫无意外地成为苏州或吴地最早刻画到历史记忆中的文字，甚至"吴"本身就可能源自古早的"渔"字。

太湖湿地周边地区至少从更新世末期开始，就是古人类活动的重要地区。早期先民选择在湿地附近定居，这既方便生活，还可以进入湿地进行采集、渔猎活动。

在东部区的湖泊湿地区域史前文化的发展序列中具有很大代表性的浙江太湖三山岛遗址，作为太湖湿地周边区域首次发现的旧石器时代遗址清晰地表明，活动在太湖湿地附近的古人已经能够最大限度地利用较为高档的食物资源，而大量的鱼叉也表明水生物资源已经成为人类觅食的重要对象。

在相当长的史前文化时期，活动在太湖湿地附近的古人过着以渔猎为主向自然环境索取自然生成物的攫取性经济生活。当然，这种天然湖泊资源利用方式的人口承载力是相当低的。

有生计，即有产业。有捕捞，便有渔人。但在苏州，渔人又各有千秋。

根据清代、民国时期太湖流域府、县、乡、镇志的记载，在环太湖的低地湖荡区，由于地势低洼、水面广阔而耕地不足，一部分缺地农民靠水吃水，将湖荡捕鱼（虾、蟹、贝类）作为主要生计来源。文献中一般称其为"捕鱼（蟹）为业者"。

在清代太湖流域下游青浦县西南部的一些乡镇志中，可以看到湖荡地区的农民不仅从事捕鱼，而且还从事耕种和其他副业，渔业只是附属于农业的一种副业形式，但其

地位超出其他副业。

而在发生水旱灾害、农业减产的情况下，"低乡"地区的农民普遍地将捕鱼捉虾作为一种信手拈来的生产方式。在一些水资源条件良好、交通条件和地理位置比较优越的湖区村庄，渔业在农民生计中的地位可能超过农业，这一点可从20世纪30年代日本满铁公司对苏南农村的经济调查资料中得到证实。

总之，传统时代太湖周边低地湖荡区的淡水渔业，实际上是附属于农业的一种常年性（非季节性）的副业，农民从事捕鱼的环境支持度和资源便利程度较高，因此其在农村副业序列中占有重要地位。

低乡农民捕取鱼产品的消费方式可分为两种：一种是无地或少地的农民以捕鱼作为主要生计来源，将捕获的鱼产品进入市场流通环节，以换取收入。这种渔业方式可视为乡村经济中的一类"产业"。另一种是有地农民在耕作之余将捕鱼用于自家消费，或者少量出售以

02

自然的馈赠

补贴家用，具有零敲碎打、自给自足的性质。

由于太湖碟缘高地的地势作用和圩田开发成熟后带来的区域性排水不畅，太湖流域下游的平原地区在宋元以后出现干田化趋势。这些所谓"高乡"地区的农民亦将捕鱼作为副业生产方式，但其捕鱼时间与西部的常年性显然不同，他们多利用农闲时间，而且受制于河流水情的季节变化，具有较大的随意性。由于鱼资源不稳定，农民捕鱼的主要目的是补贴家用，大规模进入商品流通领域赚取利润的（即赖渔以生活者）较为少见。

在"业余兼职"的定居农民之外，从"专业性"来讲，在太湖流域各种水面上流动捕鱼的船居渔民才是真正意义上的渔民群体，他们与陆上定居人群的社会特征差别较大，捕鱼地点和宿泊地点常年在水上，变动不居。

根据捕鱼区域的不同，太湖流域的水上流动渔民大致可分为两类，其一是在太湖及周边湖群中流动捕鱼的渔民；其二是活动在各处内河的连家渔船的渔民。

对太湖的渔民而言，太湖分为"东太湖"和"西太湖"。西边水深，当地渔民常年在大船上居住，被称为大船渔民。东太湖水浅且静，沿岸多河道，这里的渔民择港靠岸而居，他们的船通常载重2~3吨，属小船渔民。建立岸上生活社区之前，他们中的大多数分散居住在庙港周边流入太湖的河道里，出太湖捕鱼，入河浜休息及出售渔获。这里的渔民习惯称自己为"船上人"，而将农民称为"岸上人"。过去，岸上的人们也会蔑称船上人为"网船鬼"。

但另一方面也可看到，水上渔民以船为家，泊无定所、籍贯混杂等特征，加之湖面浩荡，给官方管理造成诸多困难，对水上渔民进行人口、籍贯等的登记，是各项管理工作中的重中之重，而这一点在陆上居民中则相对容易做到。

由于太湖渔民相对封闭的生活环境，其同陆上社会的联系相对疏远，甚至某些方面处于隔离状态，造成其文化教育水平整体较低。

在太湖湖群以东的平原水网地区，河道密布，也是水上流动渔民的分布区域，但他们流动捕鱼的区域大而分散，呈星星点点之状，不似太湖渔民集中在太湖水域及周边湖群。这些渔民在生产和生活方式上不同于太湖流动渔民规模生产、合作性较强的特点，而是"以流动分散、单船独户捕捞野生鱼为主"，漂泊江河，日暮宿船，宿泊地往往聚集在沿江沿河的集镇，故习惯上被称为"连家船渔民"。

中华人民共和国成立初期至20世纪70年代连家渔船上岸定居前的一段时间，从事淡水鱼自然捕捞的渔民数量处于上升趋势，这从一个方面反映出太湖以东平原的河湖湿地尚可提供野生鱼的生长环境，至迟到60年代中期，仍然保持传统时代的湿地环境状态。

传统时代渔民的生产与生活方式因水环境和鱼资源的分布而存在区域差异，反映出自然捕鱼生产与自然环境、社会环境的适应性。太湖周边低地湖荡区水资源丰富，兼业渔民从事捕鱼的环境支持度和资源便利程度较高，渔业在农村副业序列中占有重要地位。东部河网地区水鱼资源欠丰，捕鱼技术简单，农民捕鱼生产的季节性和流动性较大。太湖上流动捕鱼的专业渔民生产技术高，具有规模化和互助性，构成自然捕捞商品鱼生产的主力大军。流动于东部内河上的专业渔民以单家独户生产为主，产量低收入少，缺乏互助合作。这几种渔民群体以及各自的捕鱼生产方式具有长期的历史积淀，一直延续到20世纪中叶。

从太湖流域渔民传统生产与生活方式的延续与变化，可以反观河湖湿地水环境质量的变化，可以大致推知，以从事自然捕捞的专业渔民群体整体上岸定居为标志，20世纪60年代为传统水环境向工业化水环境转化的重要时间节点。

湿地动物和植物资源丰富共存的太湖湿地生态系统里，由于物种丰富、稳定性较高，加之人口有限、技术落后，个别鱼类或贝类即便被人类捕食，也不会影响生态平衡。但是在自然和社会诸多因素的综合作用下，能够被活动在太湖湿地附近的先民们利用的自然生成物呈现递减的发展趋势，而不是随着人口的增长呈现递增的趋势。不同时期考古发现表明，越远离原始社会，人类捕获的湿地生物的等级越低，这说明人类对湿地生物的攫取从高等级、较易捕获的资源向低等级、较难捕获的资源变动。

1952—2003年，太湖湿地特有的、优良的本土物种银鱼的捕捞量占总捕捞量的份额由12.9%降低至2.51%，1972—1982年出现短暂的上升，但总体上是持续降低的，而经济价值较低的刀鲚捕捞量占总捕捞量的份额由1952年的15.77%上升至66.34%。人类对湿地的食品利用改变了湿地的鱼类结构。

在环境资源不变的条件下，经过一段时期后，人口增多，先人们采集–渔猎的效率也日益提高，但是，这种效率并非无限增长，当攫取生物资源的速度大于自然界可供给生物资源的一定比例时，野生生物资源对于活动在太湖湿地附近的远古人类来说，维持生活就会出现供不应求的状态。因此，活动在太湖湿地附近的人口增多会逐渐接近资源的负载能，这就迫使古人寻求更多的食物。

采集–渔猎经济的发展和成

03

从"鱼"到"米"的一步

2 邝奕轩：《湖泊湿地资源利用与经济发展：以太湖湿地为例》，社会科学文献出版社，2013。

熟，为太湖湿地原始农业的出现奠定了不可或缺的基础[2]，采集–渔猎经济发展的新阶段构成了从采集、渔猎经济向原始农业经济过渡的重要链环。原始农业发源于采集经济，但是从采集经济向原始农业经济的过渡，却是一个极为漫长的历史过程。

环太湖地区原始农业经济日趋发达，必然导致采集–渔猎经济在原始社会经济份额中的下降。在这个极其缓慢的经济结构变动过程中，渔猎和采集活动仍是存在的。此外，人类对水生生物资源的食品利用使得资源结构发生变动，鱼类捕获数据的变动就能说明这一问题，这时，人类会通过技术进步提高对水生生物资源的利用，比如历史时期的"桑基鱼塘"生产模式。

归根结底，所谓"鱼米之乡"的鱼米，都离不开"水"，离不开湿地。

鱼给予饱腹感，也就给予生命。鱼支撑了人类最初的生存努力。

它们的不同在于，鱼首先是大自然的馈赠，而米则是人类的主动。这一步看似微小，实则巨大。

从鱼到米，这一步，是一个新时代的开始。人类历史上最伟大的一次科技突破终于诞生了——农业。

江西东北部的万年县，是迄今已知世界上最早的农业区，而这一区域与苏州湿地相距不远。12000年前左右的新仙女木事件中，自然环境的急剧变化不仅直接促生了人类的关键进化，也在几个重大的革命性创新和技术跃升中具有极大影响，比如农业的产生。变化，正是变化，是人类的最大动力，所有创新与革命可以都认为是万物灵长的人类对压力的回应。

人类的发展过程就是人对自然不断认知的过程。人类出于基本需求逐水而居，从事简单的渔猎，但真正意义上的湿地文化诞生应该是人类有意识地改造湿地、营造湿地。

水稻种植的出现是湿地文化发展的一个标志节点。与渔猎、采集等生存手段相比，农业是一个人口承载力较大的部门。农耕方式虽然并不比狩猎采集方式更容易，而且也不提供更高质量、更美味的食物来源，但与狩猎、采集相比唯一的优势在于，它可以在单位土地及单位时间内提供更多的热量，并因此

3 韩茂莉：《湖历史地理十五讲》，北京大学出版社，2015。

得以支持更密集的人口[3]。

这应该是与古代湿地环境变迁密切相关的一种趋势。在工业文明时期前，人类在很长时间内都是屈服于自然之膝下。在众多的自然因素中，沼泽水田化、种植水稻是人类最早"征服自然"的一种例证。像种植果木、征服山地则是其后的人类征服故事。人们习惯把人类采集、狩猎文明归于史前文明；而真正的人类文明则源于农耕文明。湿地稻作文明是农耕文明的重要组成。从此点考据，则可认为湿地是人类文明繁盛的基质土壤。

农业的发展带来了更多的食物，养活了更多的人口，但这并不一定意味着人类健康状况的提高。事实上，农民的健康状况在许多方面甚至还比不上狩猎采集者。例如，平均身高是衡量人口平均健康程度的指标之一，在农业发展起来后，这一指标便直线下降。若以此作为衡量标准，狩猎采集社会的健康程度令人惊叹。考古学上的发现也证明了这一点。在上一个冰河时代末期，希腊和土耳其地区人类的平均身高约为175厘米，但随着农业的普及，这一数字急剧下降，到公元前3000年，人类平均身高降至约160厘米。就此而言，那些生产形式更为丰富多样的文明，就有了更强的抵御环境变化压力的能力。苏州地区在农业发展起来之后仍然在长时间里保持了渔猎的传统，对这一地区文明的持久发展意义重大[4]。

4 伊丽莎白·戈登，本杰明·利博曼：《人类历史中的气候变化》，程跃译，重庆出版社，2010。

"太伯奔吴"的传说，说明早在商周时期，苏州–太湖区域就已经与关中–中原的华夏文明中心地带有过较大规模的人口迁徙交流。畅销书《鬻商》中甚至暗示商王朝在临近太湖流域的江淮一带有一个部族分支。但可以想见，即使有人口变动，规模也是有限的，谈不上对这一区域的人口结构、生产方式乃至文明形态产生重大改变。

历史上，西晋末期以及唐朝曾经有过两次较大的人口南迁。不过，对苏州–太湖湿地人类与湿地的生态系统影响最明显的人口变化，是在北宋末年至南宋初年。当时，北方游牧民族的南下和中原地区的战乱纷争，导致又一次出现了北方人口向江南的大迁移。苏州府的户数和人口数分别由唐贞观十三年（639）的11895户、54471人递增到宋徽宗崇宁元年（1102）的152821户、448312人，户数与人口数增长率分别为1184.75%和723.03%。

外来人口增加，耕地资源不足日趋严重，这就促成了

宋代环太湖湿地周边地区粮食生产出现了重大转变，即从以往单纯依靠扩大耕地面积追求高产量的生产方式转变到以提高单位面积产量来扩大粮食生产产量的目标轨道上。

唐代南方的水稻亩产量为3石[5]谷或1.5石米，约为现今亩产谷276斤。宋代环太湖湿地周边区域的水稻亩产量平均约为2.5石，约为现今亩产谷450斤，亩产相比唐代提高了约174斤。从区域上看，宋朝时期，黄河流域的水稻亩产约为170斤，淮河流域的水稻亩产约为178斤，其他地区水稻亩产平均约为270斤，环太湖湿地附近区域的水稻亩产分别高于这些地区280斤、

04

人口与
技术升级

[5] 1 石 =60 千克。

272斤、180斤，说明宋代环太湖湿地周边区域的水稻生产已经处于全国最高水平。

江南地区平原水乡主要农作物为水稻，冬小麦绝不会代替水稻而独占田土，它的推广扩大只能在稻麦复种制的背景下与水稻轮作，进而不断扩大种植范围，因此冬小麦种植范围扩大与一年两熟稻麦复种制的推广是相辅相成的两件事。

宋代江南地区在北方移民的推动下出现了稻麦复种制，农作物一年两熟使土地利用率从100%发展到200%，并在这一基础上加大了精耕细作的力度，由提高土地利用率转向提高亩产，进而在亚热带地理条件的支撑下，为江南赢得了经济重心的地位。修建圩田也为稻麦两熟提供了防御水灾的基础。

到明清时期，环太湖湿地区域的人口持续增长。相关统计数据表明，明朝时期环太湖湿地周边地区的人口约为700万，超出宋朝时期300万人口的1.3倍。耕地的增长速度赶不上人口的增长速度，就必须提高单位面积产量。明清时期环太湖湿地周边区域提高单位面积产量的重要手段就是耕作栽培的精细化，体现在重视深耕、讲究施肥、精细管理。精耕细作程度的提高促进了单位面积产量的进一步提高。

反过来，由于精耕细作程度大为提高，太湖湿地区域的水稻单产提高速度是比较快的，与宋代的单位产量相比，明朝时期增长了48%，清朝时期增长了20%。

可以看到，人口变化对苏州及长三角一带形成精耕细作的经济模式，甚至在经济范畴之外的地域文化气质也有很大的推动和塑造作用。

伍　●　鱼与米之歌

稻作文化在苏州区域直至整个江南的扎根、推广及演进，是伴随着这一地域湿地的开发、治理进程同步发生的。这一进程在经济、生态、社会结构、文化到自然景观与审美偏好等多个方面，都留下了印记。

太湖平原的大规模圩田建设始于唐朝。唐宋之间，北方乱战，农业凋敝，南方诸国却相对和平安定。当时控制江南地区的吴越钱氏比较重视休养生息，太湖平原的圩田建设和养护达到了一个极致。

圩田不仅是一种生产方式，也深刻地影响着地理空间的格局。农业发展、人口增加之后，人群聚集而居的城镇自然会越来越多。早期江南平原上的城镇多兴起于圩田之间、水道汇集的枢纽位置，多是农业村庄自然生长而成——紧邻水道交通、下田劳作近便，越来越多的人选择住在这些枢纽之处。

早期的圩田规模很大。吴越时，塘浦一般深达三丈[6]，宽二三十丈，圩岸高达两丈，多设堰闸。一个大圩基本相当于当时的一座城池，面积有10~30平方里，除去圩岸及圩内沟渠、堤岸、道路、房舍等，可用耕地约在数千亩至万亩以上。田大，意味着水道稀疏，因此城镇的扩张便会受到地理条件的限制。

从宋朝开始，随着人口的进一步增多和大规模屯垦组织的瓦解，大圩田逐渐被原子化的小农生产单位切割开来。划分田亩最简便的方法就是加密水网，这样一来，水陆之间的节点越来越多，从空间上给江南市镇的发展创造了条件。小田块不再需要把大量的人口堆在土地上进行劳作，这些富余出来的剩余劳动力以自由民的身份进入市场，

05

圩田

[6] 1 丈 ≈ 3.33 米。

转而成为早期的"市民"。

从早期北方文人的印象看,人们对江南的观感一般就是"火耕水耨"。这种火耕不是伐树的火耕,在一片沼泽地带,没有什么树木,火耕之"火",主要体现在烧杂草上。

宋代之前的大圩是轮休的。休耕存在,火耕就在一定程度上存在。太湖周边的圩田开发区由于没有森林环境,环境难以提供足够多的野生食物。若现代人穿越回那时的江南,大片水域中的河道、圩田与一些芦苇类的植物,苍茫孤寂而单调,就是当时的景观。一旦水灾发生,湿地区域便是一片汪洋,可能的野生食物被淹于水下,一时无法接济,便会有饥荒之忧。

在这种环境下,人们的景观经营程度很低。早期的低地圩田,大圩中心是村落所在地,集约化与施肥主要在村庄周围,村庄周围的田最先发生休耕消失、土地连作的现象,外圈仍处于休耕与火耕交替的状态。到隋代,《隋书》"地理志"中仍以火耕水耨称吴越之地:"江南之俗,火耕水耨,食鱼与稻"。直到唐代中后期,火耕的场景在江南的大圩中仍然存在。大诗人白居易在对他的朋友讲这一带的风景时说:"水苗泥易耨,畲粟灰难锄"。畲田就是烧后存灰的田。这说明当时的农田中经常看到烧荒后的场景。

真正的水乡稻田景观,是在唐代安史之乱以后发展起来的。而直接的原因,就是农业人口的迅速增长,使江南一带的稻作经营程度加强,才形成整体化较强的田野景观。

早期的圩田扩展不是单个圩田的小集团行动,而是与屯兵制下河道修设与屯兵布点设置相合一的。到宋代,由于浅水地带基本上围垦完毕,不得不向深水进军。需要注意的是围垦湿地建造圩田对社会组织发展、技术能力、财政能力等多方面的要求,以及反向的强化作用。

圩田增多的过程也就是今日常见的塘浦河网形成的过程。一个地区最早的屯田可能只是一条单堤,堤的一边形成圩田,不远处再造一条单堤,堤的另一面形成圩田,堤与堤之间就形成塘浦河道。人口少,圩田少,塘浦的延伸也不长。人口增加,圩田叠加,塘浦进一步延伸,以此形成网络化的河道与圩田。这种过程非一般小农户所能及,军屯与民屯才有能力作这样的统一布置。屯田不是从无序中产生,是从一条河上分别展开,重叠延伸。由此,当时的农田原野上,开始有了相当的有序与丰收的景象。

沼泽化环境被圩田化环境取代后，太湖东部形成了以稻田湿地为主的生态系统。这个湿地生态系统不但为太湖地区的农业产出提供了源源不断的可持续生产力，也为全国的气候和生态稳定做出一定程度的贡献。

能够使这一稳定湿地生态系统持续下去的基础条件是稳定的水稻土。保水保肥的水稻土是江南地区自然与精耕细作传统农业技术相结合的产物。

人类的活动通过两方面作用于水稻土的发育，一是水利技术体系下的水环境改变对水稻土发育产生的影响；二是农业技术对水面、生物和土壤表层扰动所产生的影响。关于太湖地区圩田水稻土的形成与耕作技术的关系，土壤学家徐琪先生将太湖地区水稻土的发展划分了4个阶段，第一阶段从史前到汉代，这时期是"火耕水耨"，水稻土尚未形成；第二阶段为六朝到唐代，这时期有系统的圩田网络，只种一季水稻，冬天积水；第三阶段是稻麦两熟阶段；第四阶段在新中国成立后，由

于双季稻的推广，淹水时间加长，水稻土土壤又向滞水方向发展，部分良性水稻土的犁底层以下又形成青泥层。

不是种植水稻的土壤就叫水稻土，有氧化还原层的水稻土层才叫水稻土。实际上，直到唐代末期，随江南大规模地控制水流，低地与高地的水流被纳入一体化的水利系统中，这时干田化过程才能普遍实行。由于人口的增长，稻田不再休耕，火耕逐步消失，耕作动土才可能大规模进行，唐末江东犁就是在这种情况下产生的。江东犁推动了土壤耕作程度的进一步加细，促进了江南水稻土的耕层分化和干湿交

06

稻田土壤的优化

替。与江南相比，许多北方地区的犁耕稻作与水稻土倒是可能更早就形成了。由于江南圩田内可能存在着大量的旱地与稻田，火耕的条件存在，水稻土的形成反而大大地推迟了。人口增长、水利技术与农业集约化相结合，推动了土壤的水旱交替，水稻土才可以大量形成。

从生态上讲，火耕水耨是一种保持原生沼泽湿地状态的耕作方式。宋代的大圩区仍有这种技术的遗存，但很快消失了。水稻土开始大量形成。大圩休耕的结束迫使农民采取措施恢复地力。一系列土壤耕作技术使土壤出现了氧化还原层，使土变为标准的水稻土。

宋代出现了另外一种淹水环境，就是冬沤。这种方法到近代仍是江南农民恢复地力的重要手段。宋元时期仍处于丰水环境时期，许多圩田常常处于积水难排状态，这种耕作手段使土壤的潜育化加强。在大水时期尤其如此。

由于长期淹水不利于水稻土的形成，后来的稻麦两熟耕作模式，反而有利于生产力的提高，水旱轮作走向良性发育。当时人追求的往往是水旱两收，基高圩岸才会有水旱两收，垫高圩岸也促进水稻土进一步发育。

长期的积水环境使得低地潜育化[7]长期维持，潜育化土壤区的乡民多称之为青泥土和黄泥土。一直到20世纪，土壤仍在淹水、排水的环境下相互转化。

随着稻作的加强，麦稻两收与稻麦两熟增多，江南地区开始大量地施用泥肥。泥肥的使用量大，不但增加土壤的供氮能力，还增加土壤的黏粒水平，可以大大加厚耕作层。由于休耕期越来越少，南宋时期普遍实

[7]潜育化是指受地下水或渍水引起土壤处于水饱和状态，呈强烈还原状态而形成蓝灰色潜育层的一种土壤形成过程。

行施肥。江南农民这时已经有置粪屋的习惯，"凡农居之侧，必置粪屋。低为檐楹，以避风雨飘浸。且粪露星月，亦不肥矣。粪屋之中，凿为深池，甃以砖甓，勿使渗漏"。这种景观和生活习惯在江南的出现，是水稻田施肥已经形成的一个标志。

稻麦轮作使土地利用程度加强，土壤肥力开始依赖有机肥的施用、绿肥的种植和挖河泥。随着泥肥的施用程度加强，土壤耕作层开始快速演替。

江南水稻土的改良对劳动力、水利依赖非常之大，社会组织不可能不对土壤的形成与发育产生影响。所在的阶层不同，农民对土壤的技术影响力也不一样，土壤环境会因之发生变化。清代以后，"肥田者……上农用三通，头通红花草也，然非上等高田不能撒草"。低地种草，撒草种后遇雨则"田中放水，则草子漂去，冬春雨雪，田有积水，草亦消芟"。稻肥二熟在清代已成为当地农民的生产习惯："种田种到老，不要忘记草"。第二遍施肥用的是猪践，就是养猪所积累的粪肥。第三遍施用的是豆饼。只是这些投入不是人人可以达到的，只有富农才能实施。贫农只能施豆饼。当时江南一带的豆饼来源从东北到中原，每年都有大量豆饼被施入湿地中"开拓"出来的田间。阶层差异使水稻土品质显出差异。

因为个体农民投入的数量与技术存在差异，圩田内的土壤复域才会在江南成为普遍现象。土壤复域是大区内小地块上的土壤肥力性状差异明显并不断重复的现象。北方土壤一般不会有这种现象，小环境内因经营的不同而出现不同水稻土性状的现象在江南十分明显。许多因素推动这种复域化，圩田内头进田、二进田、三进田的差异，不同的农民的投入水平，都加速了这种现象的蔓延。

一个特别的现象是由于江南精耕细作的稻作文化，对肥料的需求变得格外旺盛，也对乡村环境的改变产生了意料之外的影响。

江南民谣有云："天上的星星数不清，地上肥料积不尽，头上肥，脚踏肥，屋内、屋外、屋前、屋后都是肥"。将垃圾和草木灰都当成了肥料，种类多样。当时要求"河底翻身，五棚翻身"。所谓五棚就是猪棚、牛棚、羊棚、鸡棚、车棚，反复清理收集垃圾。一些脏水也成肥料——汤水肥，包括浴汤水、马桶水、咸鱼水、猪汤水。大积肥对土壤结构和乡村环境的影响，远大于对作物产量的影响。反复地"动土"，改变了土壤的紧实程度和空隙度。以前不挖河泥的地方，也不断地挖沟、挖河。这对湿地、河流形态也产生了正面作用。

在稻作文化盛行于苏州的进程里，桑蚕养殖起到了与其他任何渔猎、养殖种类都不一样的作用，其后续影响及在苏州湿地文化中的标志性价值也持续到当代。

蚕桑养殖业是古代中国有别于世界其他古文明的标志性产业，也是中国传统社会的经济支柱之一[8]。

公元前12000—公元前9600年，卷转虫海侵曾被新仙女木事件打断，代之以严重的海退。而对人类文明而言，公元前8500—前6500年的海退尤为重要。它给了逃离大洪水的人类喘息的时间，并且提供了发展的良机，许多家畜和作物的驯化很可能发生在这一时期，其中就包括桑蚕。

作为桑蚕丝绸产业的物质基础，野生桑树看似毫不起眼。但和所有历经亿万年磨难而生存至今的物种一样，桑树有自己的独门绝技——适应和改造盐碱地。这才是桑树虽然在很多地理单元都能生长，唯独在江南一带极为特别而重要的根本原因。

[8] 罗三洋，《我们从哪里来》，北京联合出版公司，2022。

07

桑蚕

伍 ● 鱼与米之歌

实验结果表明，桑树对中国沿海地区具有重大的生态意义：它能够，甚至偏爱在盐碱地上生长，并且在生长过程中将板结的盐碱地变为松散的沃土。正是有赖于桑树等耐盐植物，中国东部的广大沿海平原才能一次又一次地从海侵过后的盐碱地中重新焕发生机。而从历代古籍来看，在占领海退造成的盐碱地时，野生桑树的表现尤为突出。据史书记载，东晋初年，长江口水位下降时，野生桑树迅速占领了露出水面的河床。而在卷转虫海侵前后，桑树必然多次在华北和华东的沿海平原上制造出大片的单一物种森林，也就是"桑田"。如果没有桑树对盐碱地的改造，水稻、小麦和玉米等抗盐性低的农作物便不可能在这些土地上存活。

桑林作为单一植物遍布盐碱地的壮观景象，无疑引起了中国古人的高度关注。他们发现桑林中还有一种以桑叶为食的蛾子在繁殖。于是，人类以饱满的热情推动保育桑蚕的工作，经过上千年的努力，终于完成了野桑蚕的驯化。

仅仅是驯化了一种可以提供纺织品的昆虫，与苏州湿地似乎关系不大。但一定程度上由于桑树对于盐碱度偏高的江南湿地具有特别高的适应性，最终作为蚕的食物的桑树，与养殖蚕及扎根江南的农业，形成了一个极具中国特色的生态样本：桑基鱼塘。

太湖南岸桑基鱼塘的形成或引入应不晚于唐朝中后期。把水网洼地挖深成为池塘，挖出的泥土在水塘的四周堆成塘基，在塘基上种桑，桑叶喂蚕，再用蚕沙喂鱼，含有鱼粪的塘泥作肥料返还塘基，就形成一个闭合的生态链环。

太湖低地的开发大致是先在浅水中开塘，然后在塘的周边开河，河道分割即形成圩田四周的河道，这是最早的圩田与河道。以后河道细化，圩田分割形成小圩，小圩之岸是明清时期桑基农业的基础。

植桑从很早就开始了。在河网与圩田分化完成以前，桑树更多地种在山区和山区平原的相接地带成规模的旱地上，当时有大量旱地没有河网化和圩田化。

这一地区的丝织业不断发展。宋元时期，由于发达的商业网络推动，太湖东南桑基农业已经很发达，到明清时期，小规模的桑基稻田和桑基鱼塘不断增加。农民不断地开河挖河泥，改变了周边的微地貌形态，形成了闻名于世的桑基生态农业，人文与社会状态也被桑基农业所影响。

鱼塘本身可以维持生物的多样性，形成农业生态系统循环。为了维持鱼塘生态系统，小农尽可能地从外部向这个系统投入资源，除了蚕粪以外，还有其他草和小生物。

这样一个优良生态系统的形成，需要自然、社会诸要素的长期共同作用。小生境的大量出现使微地貌改变。明代末期，人口、技术、土壤、动植物、市场等多因素互动使这一地区产生了具有世界农业史意义的生态农业形态。

陆

鲈鱼堪脍

湿地之城

人生贵得适志，

何能羁宦数千里以要名爵乎！

说出这句潇洒不羁之语的人，名叫张翰，是晋代的官员。张翰是吴郡人。晋代的吴郡比现在的苏州大很多，包括如今的"杭嘉湖"，但郡治设在姑苏城。张翰的老家，就在当时的吴淞江上游，所以他是个真正的苏州人。

张翰这个人很潇洒，他原先在北方发展，有一天，"因见秋风起，乃思吴中菰菜、莼羹、鲈鱼脍"，就抛下文首那句话，然后"命驾而归"。

愿意为一口鲈鱼之味，放弃追求一生的功名利禄，说他是青史留名的"吃货"也不为过。

"菰菜、莼羹、鲈鱼脍"，这是古代一个苏州人的乡愁和念想，如果当时拍一部《舌尖上的苏州》，这三样大概都不会缺。

2010年，曾有新闻报道：几乎绝种20年的松江鲈鱼在复旦大学生物科学家的努力下，终于重回松江水域。据官方记录，此种鲈鱼的绝种时间是在1980年左右，原因是当时江南河网与水环境呈现明显的封闭化。特别是随着人类造闸建坝活动增多，松江鲈鱼洄游路线被破坏，加上严重的水源污染，到2010年，松江鲈鱼绝迹上海已有20多年。

此处所说的松江鲈鱼，又称四鳃鲈。尽管只是一种小型鲈鱼，却在20世纪与黄河鲤、松花江鳜鱼、兴凯湖白鱼，一度并称中国"四大名鱼"。为了寻找松江鲈鱼，科研人员苦苦寻觅，足迹遍及东南沿海，最终找到几十尾松江鲈鱼，算是将松江鲈鱼的命运挽回。

但科研人员千辛万苦找回的松江鲈鱼，就是张翰所心心念念的"鲈鱼脍"的鲈鱼吗？

现代松江鲈鱼是溯河性洄游鱼类，平时栖息于近海，至秋冬接近成熟，成群合作产卵洄游，形成较大的鱼汛。

明代以前，太湖出水的主干道是吴淞江，松江鲈鱼也主要在吴淞江活动。张翰家乡就在吴淞江上游一带，鲈鱼洄游最多的集聚区也是在吴淞江与太湖相接之处，难怪他对鲈鱼情感极为亲切。

早期吴淞江的水环境更利于松江鲈鱼的洄游。晋代时松江鲈鱼上溯吴淞江时几乎畅通无阻，然而晋代之后苏州湿地在逐渐开始圩田化的过程中，水面割裂更为明显，相对分割的水域中出现了不同的鲈鱼种类，其中太湖虽有三鳃鲈，但大部分是普通的二鳃

01

追寻松江鲈鱼

鲈，四鳃鲈则独产于吴淞江。

唐代以后，随着人口增多，文化发达，大量文人集中于苏州，其中许多人开始在诗歌作品中大量提到松江鲈鱼。四鳃鲈新熟是在秋季，大量鲈鱼出现在水道中，已为鲈鱼活动的物候标志。

这时一位对鲈鱼特别重要的苏州诗人出场了。他叫陆龟蒙。

陆龟蒙，字鲁望，苏州吴县人。家赀丰厚的陆龟蒙考进士不中，曾作湖、苏二州刺史的幕僚，后来干脆隐居松江甫里（今江苏吴中区甪直），以著述自娱，过起了简约而小清新的生活。

除了诗人之外，陆龟蒙另一个身份是农学家。他曾在吴淞江口一带以耕钓为乐，也算是顺便田野调查。看他的诗可以知道，那里有各种配鲈鱼的菜肴："笠泽卧孤云，桐江钓明月。盈筐盛芡芰，满釜煮鲈鳜"。又有："采江之鱼兮，朝船有鲈；采江之蔬兮，暮筐有蒲"。"清词醉草无因见，但钓寒江半尺鲈"。

值得注意的是，农学家陆龟蒙在这里提到了半尺长的松江鲈鱼，这个尺寸明显与20世纪的松江鲈鱼不同。《中国农业百科全书·水产》记载，20世纪的松江鲈鱼最长仅为15厘米，陆龟蒙轻易钓到半尺长的松江鲈鱼，这个尺寸几乎是现代松江鲈鱼中最大的尺寸。他还讲到有一尺长的松江鲈鱼。后来还有些文章描述的松江所产的鲈鱼能达到二三尺长，那是另外一种鲈鱼。由于普通鲈鱼在精加工的基础上也具备一定的美味，后人很容易将普通鲈鱼与一尺左右的珍味四鳃鲈相混。

《太平广记》中有这样的记载："又吴郡献松江鲈鱼干脍六瓶。瓶容一斗。作脍法，一同鮸鱼。然作鲈鱼脍，须八九月霜下之时，收鲈鱼三尺以下者作干脍。浸渍讫，布裹沥水令尽，散置盘内。取香柔花叶，相间细切，和脍拨令调匀。霜后鲈鱼，肉白如雪，不腥。所谓金齑玉脍，东南之佳味也"。干脍，是鱼切丝后晒干水分，制成一种干鱼丝，吃的时候再用水发。上述记载显示汉晋以来，"金齑玉脍"已是南北通行的美食佳肴，在江南地区以鲈鱼为食材，北方则有所变通，用鲤鱼代替。

宋代以前，与松江珍味鲈鱼相配的高贵之菜是茭白。当时茭白尚未大量推广，平常人只用莼菜作鱼，有诗曰："为爱秋风吹弊庐，忽然诗思满江湖。橙香梦泽团脐蟹，莼老吴江巨口鲈"。

在宋人的文字里松江鲈鱼是常客，范仲淹那首最为知名："江上往来人，但爱鲈鱼美。君看一叶舟，出没风波里"。苏轼、范成大等也都有咏鲈之诗，其他人的鲈鱼诗句就更多了。

到南宋，莼菜和松江鲈鱼仍是当时的"美食CP"，但到南宋末期，诗人方岳有云："风借吴松十幅蒲，春愁渺渺际烟芜。傍船时有能言鸭，举网今无巨口鲈。欲访龟蒙前杞菊，谁怜麋鹿旧姑苏。一尊重酹沙头月，物色分流到我无"。又云："何必腰黄金，自享千载贵。鲈鱼秋正熟，云泉味尤美"。

怀念陆龟蒙故事的后代诗人发现"举网今无巨口鲈"，而大的鲈鱼已经要用黄金购买，能想到的原因只能是此时珍味的松江鲈鱼已经稀少之故。"夜听枫桥钟，晓汲松江水。客行信忽忽，少住亦可喜。且食鳜鱼肥，莫问鲈鱼美。"短期停留不能问鲈鱼之美，可能是一时之间难以捕到正宗松江鲈鱼，吃到的鲈鱼口味不行，只好不加细究。对松江鲈鱼的信念感可以说已经很弱了。

明正德年间，吴淞江水系发生了一次足以影响松江鲈鱼命运的大事，原吴淞江的水流转移到黄浦江，东部的出水通道被黄浦江夺取。吴淞江虽然仍存，但水流已经细微，洄游的松江鲈鱼自然加速减少，而黄浦江段水流湍急，体型稍大一点的松江鲈鱼洄游困难，珍味松江鲈鱼自此走向灭绝。在清代陈鉴的《江南鱼鲜品》中，已没有珍味松江鲈鱼的记载，只记了两种鲈鱼，一种是二三尺长的大鲈鱼，另外一种则是现代的小型松江鲈鱼："有鲈鱼，巨口细鳞，味甚腴，长至二三尺者。又有菜花小鲈，仅长四寸而四鳃。产松江，苏子所谓松江之鲈也"。

没错，许多迹象表明，七八寸长的美味松江鲈鱼在明代中叶以后就逐步消失。由于口味差异巨大，有的外地文人干脆质问那种美味松江鲈鱼是不是真正在历史上存在过。残酷的现实是，复旦大学的生物学家们所做的工作是恢复了清代、民国时期的松江鲈鱼，而作为历史名产，存在于张翰以及无数文人笔下的珍味松江鲈鱼已经在明代中后期消失了。

尽管如此，小型松江鲈鱼的恢复也值得庆祝。明清时期的文人并不太深究此事，情愿用这种小型鱼承载原松江鲈鱼所代表的文化。那秋风中的松江鲈鱼其实并未消失，而是已经深深嵌入苏州的湿地文化与美好历史中。

松江鲈鱼的"失而复得"却又"得而复失",是苏州湿地生物在历史中隐现的一个插曲,又或许是其中戏剧性更强的一个片段。它显然也是人类活动对湿地生物生存状况产生影响的一个案例。

在漫长地质历史中苏州区域曾经生活过的大部分生物今天都已经不存在了,这一点与世界其他地方并没有什么不同。即使从比较晚近的,也就是人类开始踏足苏州的时候开始算起,我们也知道,早期人类曾经看到的醒目动物包括且不限于猛犸象、亚洲象、剑齿象、虎、鬣狗、棕熊、黑熊、猞猁、豪猪、野猪、猕猴、斑鹿、鼬、獾、兔、犀牛、水牛、麋鹿、水鹿……

这个名单中的很多种动物在苏州存在过又"离开"。其中绝大部分的来去存亡与人类关系不大。决定它们命运的权力掌握在自然的巨手中,宏观气候的变化决定了谁能在生命的舞台上自在表演。

人类出现之初并没有能力改变甚至影响这个规则。但随着人类的进化,文明的发展,火的使用,农业的出现,现代工业的崛起……人类有越来越大的力量影响甚至是决定自然物种的命运,这句话的另一表述是,越来越多的生物物种因为人类的活动而改变甚至灭绝。

有一些大型动物种类在苏州坚韧地生存了很久,比如大象或者虎。《宋史·五行志》载,淳化元年（990）九月,苏州虎夜入福山砦（音同"寨"）,食卒四人[1]。这是二十五史中苏州唯一一次有虎的记载。可以注意到这个时间后不久,中国历史上就迎来了一个相当强的低温时代。但虎在苏州区域的活动

02

湿地与动物

[1] 王利华:《中国历史上的环境与社会》,生活·读书·新知出版社,2007。

显然不仅在此时。而"虎丘"之名也暗示，虎曾经在这片湿地周边区域广泛存在过。

人类活动对虎和象等大型兽类的影响是不言而喻的，但对其他一些动物就微妙很多，特别是当这种影响与人类对苏州湿地的开发、改造同步时。很多水生物种很可能受益于人类对湿地的改造进程，这个进程在某些方面增加了生境的多样性，比如水田，特别是休耕的水田。陆龟蒙笔下的珍味松江鲈鱼确实相当大程度上因为人类的活动而消失，但从鲈鱼这一物种的多样性来说，人类活动却不一定是绝对的坏事。

同样的原因，相对而言，人类对水禽的影响也有复杂的一面。

由于湿地丰富、类型多样，苏州吸引了大量鸟类来此栖息或作为迁徙的中转站。截至2021年年底，苏州市累计观测到鸟类378种，隶属于20目65科，约占全国鸟类种数的25.35%。雁鸭类、鹭类、鸻鹬类水鸟是苏州水鸟的优势类群。林鸟和猛禽主要分布在湖岛、林地等生境中。

苏州已观测的鸟类中有181种列入不同等级保护名录中，其中，国家一级保护鸟类12种，列入世界自然保护联盟（IUCN）红色名录的鸟类12种。从地理区位上来看，苏州所处位置恰好在全球九大候鸟迁飞路线之一的东亚-澳大利西亚候鸟迁飞路线上，每年有超过5000万只水鸟在此区域内展翅往返。

苏州湿地密集的水网，包括湖泊、沼泽、河塘、河流、永久性水稻田等多样化的湿地形态，满足了不同鸟类的生存、繁衍需求。同时，退渔还湿、植被修复、鱼塘改造、水位管理、鸟网拆除等一系列针对生物多样性和栖息地保护的措施让更多候鸟安心在苏州湿地越冬和停歇，营造它们的宜居家园。

人类的活动影响湿地中生物的生存、演化，但湿地的生物物种同样也进入人类的生活中。

首先是作为食物出现。鲈鱼之外，湿地中的天然水生动植物及水产养殖为人们保证了生存之需。早期吴地原始居民的生计，得益于捕获及养殖水生动物，所谓"渔猎先于农耕"，可知太湖渔猎及水产养殖的历史亦由来已久。

　　乾隆年间《吴县志·卷三十二·物产》中明确记载，出于太湖中的水产鱼类就有鲈鱼、鳊鱼、银鱼、白鱼、鲙残（古代传说吴王阖闾江行，食鱼鲙，弃其残余于水，化为此鱼，故名），以及湖蟹、虾。此外，如吴江县莺脰湖的银鱼、蟹，蠡洋湖的银鱼，元和县的南湖银鱼等，都是当时的"苏州特色品牌"。

　　鱼类是太湖水产资源的主体，据太湖水产增殖基地和太湖渔管会多次调查采集的数据，全太湖共有106种（或亚种）鱼类，隶属15目24科71属。这一数据与苏州湿地的鱼类品种虽然不一定完全重合，但大体可以用于评估苏州湿地鱼类的现状。

　　在上述鱼类中，目前仍有相当捕获量的，有被誉为"太湖三宝"的银鱼、白虾和梅鲚；有号称"七大家鱼"的青、草、鲢、鳙、鲤、鲫、鳊；有享誉国内外市场的白鱼、鳗鲡、鳜鱼、甲鱼、红条、塘鳢以及大银鱼、石鲫、鲶鱼、黑鱼、针口鱼、河豚等30多个种类，其他还有龟、蟹、贝、蚌及螺蛳等水产。

　　相较而言，水禽较少进入人类的食物清单。太湖流域曾经流行捕猎野鸭。但野鸭之外的水禽则很少人感兴趣。

皮日休是一位晚唐诗人。他是湖北襄阳人，但30多岁就旅居苏州，与陆龟蒙是同事。在苏州，皮日休与陆龟蒙一见如故，此后三年间，两人时常互相唱和，共作诗300多首。皮日休的诗歌，多具闲情逸致，注重锤炼词句，显然是受到陆龟蒙的很大影响。两人一时并称"皮陆"。

或是受到农学家陆龟蒙的影响，皮日休对美食也十分上心。这二位的诸多诗歌中留下了很多吴中美食的痕迹。从这些美食，也可以看到湿地生物是如何在吴地人民的饮食文化中全方位占据优势的。

皮日休在苏州期间留下的诗作中，有许多都写到了吴地的特色饮食，主食、蔬果、肉类、水产、饮料等等，一应俱全。

比如"雕胡饭熟醍糊软，不是高人不合尝。"（《鲁望以躬掇野蔬兼示雅什用以酬谢》）。诗中说的菰（音同"孤"），是泽生禾本科植物，其子实叫菰米，又叫蒋实、雕胡。

更知名的茭白是感染了菰黑粉菌病的菰，形成肥大的纺锤形肉质茎。

由于菰的花期较长，且籽实分批脱落，易于采摘，又富含淀粉，所以唐代人会将菰米作为米面等的替代品，煮成菰米饭食用。上至《元氏长庆集》里用金勺用餐的贵族，下至李白诗中住在五松山下的荀媪，都曾享用过一碗菰米饭。

菰米的颜色近似黑米，想来菰米饭煮熟后，黑漆漆的一团，视觉上并不会很友好，但尝过菰米饭味道的唐代人，对它可是赞不绝口，认为它有香、软、滑等种种特点，

03

皮日休的美食之旅

非常好吃。杜甫卧病时曾思念菰米饭："滑忆雕胡饭，香闻锦带羹"。王维在寺院中也品尝过"香饭青菰米，嘉蔬绿芋羹"。

美味的菰米饭，常常被唐代人当作待客的美食。陆龟蒙的《大堤》诗中有云："请君留上客，容妾荐雕胡"。无怪乎他的好朋友皮日休也对菰米饭评价如此之高，认为是高人才能享用的食品了。

"雨来莼菜流船滑，春后鲈鱼坠钓肥"（《西塞山泊渔家》）。这是说莼菜与鲈鱼。鲜美的莼菜羹曾经得到唐代诗人的颇多赞誉。即使在1000多年以后的今天，莼菜汤仍然是一道江南名吃。

相比野菜，皮日休本人可能更偏爱肥嫩的各种鱼类。他的诗中提到鲜鱼和鱼干的地方都甚多，还曾经专门写诗一首，感谢陆龟蒙把从松江中钓到的三尺大鱼分他一半。收到这份礼物之后，皮日休很快把

它端上了餐桌，让鱼的"冷鳞中断榆钱破，寒骨平分玉箸光"（《奉和鲁望谢惠巨鱼之半》）。

唐宋时期的"松江"指的并不是今日的上海松江，而是吴淞江。古代的吴淞江水势浩大，是太湖水系的主要泄洪通道之一，各类水产丰富。

不知道此后的皮日休，在跟随黄巢大军辗转各地的时候，会不会想起在苏州度过的那段与好友诗酒相和的悠闲时光呢？两年的时光也许并不算很长，但我想，有美食、美景、好友相伴的岁月，无论时间长短，一定是刻骨铭心、令人时时回味的。

苏州的湿地植物主要以草木为主。挺水植物主要有芦苇、香蒲、菰、水葱等，其中芦苇分布最广泛；浮叶植物主要有荇菜、欧菱、浮萍、槐叶萍等；沉水植物主要有竹叶眼子菜、菹草、苦草、黑藻、轮叶狐尾藻、伊乐藻、金鱼藻、大茨藻等。

浮叶植被和沉水植被是太湖水生植被的主要生态类型，竹叶眼子菜和荇菜是太湖的优势水生植物物种，马来眼子菜和苦草分布最广泛。多数水生植物具有良好的水质净化功能，被广泛应用在人工湿地以及城市水体净化中。

苏州珍稀濒危水生植物有24种，分别为中华水韭、莼菜、金银莲花、水车前、水蕨、并蒂莲、白睡

莲、小茨藻、黄花狸藻、野菱、黄花水龙、萍蓬草、芡实、微齿眼子菜等。

苏州的湿地水生植物与长三角大部分地区的植物区系差别不大。与其他地区不一样的是,苏州湿地植物深入人类日常生活中。其中,号称"水八仙"的几种常见水生蔬菜,最具代表性。

水生蔬菜是指生长在水中,可作为蔬菜食用的植物。苏州水生蔬菜种类丰富,是苏州的传统产业和特色产业。水生蔬菜中的茭白、水芹、慈姑、芡实(鸡头米)、荸荠、莲藕、菱角和莼菜被誉为"水八仙"。

我国是一个很早就种植蔬菜的国家。据考古和古史流传资料表明,我国种植蔬菜和采集水生植物的历史,一直可追溯到原始时期。我国是众多水生蔬菜的原产地,如芋、荸荠、莲藕、慈姑、茭白、菱、芡、水芹、莼菜等。苏州优越的湿地禀赋,自古就以生产水生蔬菜著称。苏州历史上所出现的横山荷花塘的藕,南塘的芡实,梅湾的吕公菱,封门外黄天荡的荸荠、莲藕等,更是闻名遐迩。

前文提到的松江鲈鱼,即珍味的四鳃鲈,经典吃法就是和莼菜搭配。张翰把莼菜和鲈鱼一起思念,不是没有道理。

莼菜是睡莲科植物,其叶片浮于水面,嫩茎和叶背有胶状透明物质。春夏之时莼菜的嫩茎叶,可作蔬菜食用。八月恰好是其脆嫩可口之时。莼菜对水环境的清洁度十分敏感,古代水清,在太湖东西水域中有自然的分布。古人用之作鱼之配菜也是自然而然的事。白居易在苏杭两地任职刺史时,对四鳃鲈莼菜羹情有独钟,多次写诗称赞它的美味,最为知名的便是"鲙缕鲜仍细,莼丝滑且柔"(《想东游五十韵》),四鳃鲈与莼菜的美名也由此诗而变得广为人知,深入人心。苏轼曾言"若话三吴胜事,不惟千里莼羹"。

皮日休诗中提到的另外一种水生蔬菜,即茭白,又名高瓜、菰笋,营养丰富、质地鲜嫩,被列为"水八仙"之首。

唐化以前,茭白称为菰,结出的种子叫作菰米或雕胡米,菰是古代的"六谷"之一,作为粮食,产量较低;唐代末期,农民偶然发现，菰茎部感染某种菌（菰黑穗菌）后，停止抽穗，茎部却长得粗壮，味道还十分鲜美，从此，菰从粮食界转战蔬菜界，成功逆袭。

此菜同样与鲈鱼有缘，从汉代起就与松江鲈鱼配菜，是名味佳品。苏州本地茭白一般于四月种植九月中旬开始采收。"邃蔬似土菌生菰草中，今江东啖之甜滑"（《尔雅》），茭白根茎部分可食用，切成薄片便成了江南人最爱的甜滑滋味。

"荷，芙渠。其茎茄，其叶蕸，其本蔤，其华菡萏，其实莲，其根藕，其中薏"（《尔雅》）。莲藕作为重要的根茎类水生蔬菜，在我国已有2000多年的栽培历史。

苏州莲藕栽培的历史悠久，在唐朝便名冠全国，当时诗文中有很多记载苏州贡藕的史料。如李肇《国史补》载，苏州进藕其最上者，名曰"伤荷藕"。白居易的《白莲》诗中也有"本是吴州供进藕"的记载，说明苏州唐代时的贡藕中，还有红莲、白莲等不同品种。

在古代，从《农政全书》"三吴人用大藕于下田中，种之最盛"的记载来看，苏州在栽培技术上，至少应属全国比较先进的地区之一。

"思乐泮水，薄采其芹"（《诗经》）。水芹是古人重要的蔬菜，历代都有食用水芹的记载，"池上采芹摇水碧，帐中摘藻映纱红"（宋·吴芾），"鲜鲫银丝脍，香芹碧涧羹"（唐·杜甫）。不同于一般土植芹菜，水芹叶子碧绿生青，嫩茎洁白无瑕，水灵中透出秀气，清清爽爽。

芡实，又叫鸡头米、鸡头莲、刺莲藕。芡实作为

药食两用中药，一直以来被人们视为盘中珍馐。宋朝姜特立的《芡实》有云："芡实遍芳塘，明珠截锦囊"。芡实品种有"南芡""北芡"之分。北芡又称刺芡，花紫色，南芡又称苏芡，花色分白花、紫花两种。综合苏州各种地方志记载，姑苏历史上芡实的分布，以吴江、车坊、东山、横山、甫里和甪直等地较多。

慈姑也作茨菇、茨菰，生长在水田里，以球茎作蔬菜食用。"树暗小巢藏巧妇，渠荒新叶长慈姑"（唐·白居易），唐代已经有"慈姑"叫法。三国时期魏人张揖所著《广雅》："慈姑，水芋也，亦曰乌芋"，

是现今发现最早关于茨菇的记载。溥仪在《我的前半生》中记载道："当年在宫中用膳时，在至少三十道御膳中，顿顿都有'慈姑烧肉'这道菜，因为味道独特，百吃不厌"。

荸荠，《尔雅》中称为"芍，凫茈"。地下荸荠果俗称地梨、马蹄，地上部分称通天草，是一种既可以作蔬菜，又可以作

水果的食物。姑苏荸荠的人工栽培起于何时，史籍中无记载，但据方志在明代中叶前苏州便已形成几个荸荠的著名产地来看，其种植时间应在明朝以前。

菱，古名芰实、水栗。我国种植菱角已有3000多年的历史。栽菱始于周，兴于秦汉，盛于唐宋。"菱池如镜净无波，白点花稀清角多。时唱一声新水调，谩人道是采菱歌"（唐·白居易）。采菱时节，渔舟浮萍，歌声漫漫，俨然一幅美妙的江南画卷。

苏州著名的水生蔬菜还有芋芳。我国上古文献中，反映在先秦之前，饥馑之年，便有用芋来救荒之流。据说芋具有抗蝗灾的特点。《备荒论》载："蝗之所至，凡草木叶，无有遗者，独不食芋桑"。因为芋在历史上被当作一种救荒或备荒作物，所以其人工栽培的时间也比较早。我国关于芋的栽培，最先见之于《祀胜之书》，说明它至少在西汉时期已有人工种植。

苏州湿地饮食习俗在很大程度上取决于湿地出产的食材。这也是湿地与饮食文化最悠久也最强大的联系纽带。

谈到太湖湿地的美食食材，不能不谈到著名的"太湖三白"，即白鱼、银鱼和白虾。"太湖三白"在当今太湖鱼类中享有盛誉，深得广大食客的青睐，是茫茫太湖出产的众多鱼类中的特色品种。而以其为原料烹制的美味鱼肴，早已成为沿太湖各宾馆、饭店的"招牌菜"，人们游太湖，品"太湖三白"，已成为现代旅游的乐事。

白鱼，亦称"鲦"，生长于太湖中的宽敞水域，属于太湖大型经济鱼类之一，是太湖中以小鱼虾为主食的凶猛鱼类。由于太湖中鲦、白虾等小鱼虾众多，食料丰富，故太湖出产的白鱼，以其肉质特别肥嫩而享有"太湖白鱼冠天下"之美誉。

白鱼头尾上翘，细骨细鳞，全身洁白，银光闪闪。其肉质洁白细嫩，鳞下脂肪多，酷似鲫鱼，鲜美据说可与江南四鳃鲈媲美。宋《吴郡志》卷二十九记载："白鱼，出太湖者为胜"。历史上太湖白鱼曾被作为名贵鱼类"随时贡入洛阳"。

太湖白鱼红烧、清蒸皆宜。尤其是清蒸白鱼，莹白如银的鱼体上，撒上翠绿的葱花和金黄的姜丝，可谓色、香、味俱佳，入口更为鲜美。

银鱼是太湖的大宗经济鱼类，主要是小银鱼（即短吻银鱼）和大银鱼（即残鱼）两种。小银鱼为银鱼中上品，质地优良，身长7厘米左右；大银鱼长15厘米左右，俗称

04

太湖三白

"面条鱼"。银鱼为太湖定居性鱼类，逢春季在湖中芦苇和水草茎叶上产卵，每年的五六月是太湖银鱼汛期，洞庭东山乡有"洞庭枇杷黄，太湖银鱼肥"的谚语。

太湖白虾因通体透明洁白，晶莹如玉，而有"水晶虾"之称，为太湖著名水产。据《太湖备考》卷六记载："白虾色白而壳软薄，梅雨后有子有育更美"。所谓太湖白虾甲天下，熟时色仍洁白，大抵江湖出者大而白，溪河出者小而青。太湖

白虾的捕捞，多数以大中船在敞水水域捕捞梅鲚和银鱼时，用拖网同时捕捉，也有用松枝做窝抄白虾和闸虾船单船作业。在太湖中生长的白虾一般体积偏小，产量不高，捕捞有季节性。

苏州湿地中的蟹类，近年来闻名遐迩。苏州湿地湖泊共有3种蟹类，分别为中华绒螯蟹、四背尖额蟹和锯齿溪蟹，分属于3科3属。其中名声最大的主要是中华绒螯蟹，亦即俗称的"大闸蟹"。苏州一向是大闸蟹最主要的产地，出产大闸蟹品牌堪称国内第一，特别是阳澄湖、太湖大闸蟹，腹洁白，蟹壳青绿，蟹螯坚实有力，以个大肉紧、油足黄多称雄市场，是脍炙人口的美味佳肴。

苏州既为鱼米之乡，物产多出于湿地，食材决定饮食文化，甚至无形中左右天下大局。春秋时，专诸刺吴王僚，就是利用吴王僚嗜食"炙鱼"，在鱼腹中暗藏鱼肠剑从而得手。

吴地有著名童谣，"摇摇摇，摇到外婆桥，外婆夸我好宝宝，买条鱼烧烧，头不熟，尾巴焦，盛勒碗里跳三跳，吃勒肚里吱吱叫"。据说苏州人天天吃鱼，几乎天天面对鱼刺的考验，因此很少有骨鲠在喉的事情发生，偶尔有了，也能轻易处理掉。

一年四季，苏州鱼腥不绝。以百姓日常描述，在《姑苏食俗》中，作者写道：

"鱼类有银鱼、鲈鱼、鳜鱼、鳊鱼、白鱼、刀鱼、鲤鱼、青鱼、红白鱼、鲢鱼、鲩鱼、鲫鱼、石首鱼、鲥鱼、斑鱼、玉筋鱼、针口鱼、鲍鱼、河豚、鲇鱼、土附鱼、鲻鱼、黄颡鱼、鳢鱼、鳇鱼、白戟、鳑鲏鱼、鲦鱼、黄鳝、鳗鲡等，介贝类有蟹、鳖、虾、蟛蜞、蛤蜊、蛏、白蚬、牡蛎、螺、蚌等。三江五湖所出，各有特产"。

苏州人家烹饪，讲求五味、五色、五香调和。《清稗类钞》记道："苏人以讲求饮食闻于时，凡中流社会以上人家，正餐、小食，无不力求精美，尤喜食多脂肪品，乡人亦然。至其烹饪之法，概皆五味调和，惟多用糖，又喜加五香，腥膻过甚之品，则去之若浼"。水馐鱼肴有炒、爆、氽、炸、煎、蒸、炖、焖、煮、焯等烹饪手法，菜肴色香味形的丰富多彩，亦为大千世界。

除了鱼虾之外，苏州还有很多标志性的湿地美食。

旧时苏州没有小菜市场，卖小菜的商贩每天清晨在热闹的街市

05

饮食习俗

间设摊求售，有鱼摊、肉摊、鸡鸭摊、蔬菜摊，及葱摊等等，秋天螃蟹上市，会有蟹摊，往往放在鱼摊边上。水产都用船载而来，彭孙通《姑苏竹枝词》咏道："一斗霜鳞一尺形，钓车窄似小蜻蜓。橹声一歇鼓声起，满市齐闻水气腥"。有的并不上岸设摊，就在船上叫卖起来，苏州人称之为卖鱼船。有的卖鱼船形制特别，俗称"活水卖鱼船"，这船的部分底舱有活络机关，河水溢入舱中，而鱼则不会游出，仍然在水里活蹦乱跳。临河人家，便在自家窗口和船上的卖鱼人交易，讨价还价成交后，就用绳子将竹篮和铜钿吊下来，卖鱼人将鱼称了，再吊上去，交易也就成了。虽然说是近乎萍水相逢的买卖，却很少有短斤缺两、偷大换小或以死充活的事情发生，正是水巷里的一道风景。

陆 ● 鲈鱼堪脍

陆 ● 鲈鱼堪脍

苏州菜式有苏馆、京馆、徽馆。各帮菜馆在长期的同行竞争中，各自形成擅长的看家菜。比较知名的有松鹤楼的松鼠桂鱼，天和祥的虾仁烂糊，义昌福的油爆鸭，聚丰园的什锦炖，太白楼的清炒扇贝、红烧甩水[2]，各擅胜场。

不过无论哪种菜式，湿地水产的食材都不可避免成为主角，进而成为苏州饮食的招牌和特色。

山景园在常熟虞山镇书院弄，创建于光绪十六年（1890）。先是以承办满汉全席闻名，食客多官吏、豪绅、富贾。相传两江总督端方巡视江防至常熟，一日三餐都由此承办，由是声意日隆。山景园名菜有叫花鸡、出骨生脱鸭等，时令佳肴有出骨刀鱼球、清蒸鲥鱼、母油干蒸鲥鱼、高丽鲥鱼、红烧鲥鱼、鲥鱼球、软煎蟹合、炒蟹粉、氽蟹球、炒蟹球、薄炒蟹羹等。

苏州东小桥的赵元章，则以野鸭闻名，用的是正宗的野鸭[3]，烧制时鸭肚里塞满胡葱。另外，古吴路西

[3] 其时野鸭尚未成为保护动物。

06

老菜馆的菜单

口的西城桥畔，有一家野味店也以野鸭闻名，《吴中食谱》记道："城南西城桥野鸭有异味，虽稻香村、叶受和亦逊一等，惟只在冬令可购，易岁即无之"。稻香村、叶受和都是老店，可见其名声。

虾子鲞鱼是苏州传统特产，旧时茶食店、野味店、南货店都有制售，以稻香村所出最为有名。鲞鱼有南洋鲞、北洋鲞、灵芝鲞之别。袁枚《随园食单》称为"虾子勒鲞"，记其制法曰：

> "夏日选白净带子勒鲞，放水中一日，泡去盐味，太阳晒干。入锅油煎，一面黄取起。以一面未黄者铺上虾子，放盘中，加白糖蒸之，一炷香为度。三伏日食之，绝妙。"如今苏州虾子鲞鱼制法，仍按袁枚旧说。与虾子鲞鱼可媲美的，还有虾子鲚鱼，清人《调鼎集》记道："虾子鲚鱼，小鲚鱼蒸熟，糁虾子；鰤鱼切段糁虾子，腐皮捣虾子，为之晒干成块，亦苏州物。"

苏州物产丰饶，尤其是鱼鲜虾蟹四季不绝，蔬菜鲜果应候而出，故苏州菜肴的一大特点就是讲求时令，并有春尝头鲜、夏吃清淡、秋品风味、冬食滋补的传统。一些名菜佳肴，四时八节各有应市时间。如春季有碧螺虾仁、樱桃汁肉、莼菜汆塘片、松鼠桂鱼等；夏季有西瓜童鸡、响油鳝糊、清炒虾仁、荷叶粉蒸鸡镶肉等；秋季有雪花蟹斗、鲃肺汤、黄焖鳝、早红橘酪鸡；冬季有母油船鸭、青鱼甩水、煮糟青鱼等。以鱼鲜为例，因上市时间有先后，故各式菜肴，都以"尝头鲜"为贵。如正月塘鳢鱼、二月刀鱼、三月鳜鱼、四月鲥鱼、五月白鱼、六月鳊鱼、七月鳗鱼、八月鲌鱼、九月鲫鱼、十月草鱼、十一月鲢鱼、十二月青鱼，季节性极强，如菜花开时的塘鳢鱼、甲鱼，小暑时的黄鳝，苏州人十分称赏，一旦过了时节，便身价大跌，如夏天的甲鱼，民间便称"蚊子甲鱼"，苏州人很少去吃。

苏州菜肴讲究选料，要求生、活、鲜、嫩，采用当地所产之物，如娄门大鸭、太湖白壳虾或青虾、阳澄湖大闸蟹、湖猪、三黄鸡等。这无疑也是"精细"的农耕文化所蕴养的气质。

不过，能证明湿地出产的食材在苏州饮食中重要程度的，莫过于著名酒店的食单。

顾禄《桐桥倚棹录》卷十记录了山塘街上三山馆、山景园、聚景园的一张食单：

"所卖满汉大菜及汤炒小吃，则有烧小猪、哈儿巴肉、烧肉、烧鸭、烧鸡、烧肝、红炖肉、黄香肉、木樨肉、口蘑肉、金银肉、高丽肉、东坡肉、香菜肉、果子肉、麻酥肉、火夹肉、白切肉、白片肉、酒焖踵、硝盐踵、风鱼踵、绉纱踵、燻火踵、蜜炙火踵、葱椒火踵、酱踵、大肉圆、炸圆子、溜圆子、拌圆子、上三鲜、炒三鲜、小炒、燻火腿、燻火爪、炸排骨、炸紫盖、炸八块、炸里脊、炸肠、烩肠、爆肚、汤爆肚、醋溜肚、芥辣肚、烩肚丝、片肚、十丝大菜、鱼翅二丝、汤二丝、拌二丝、黄芽三丝、清炖鸡、黄焖鸡、麻酥鸡、口蘑鸡、溜渗鸡、片火鸡、火夹鸡、海参鸡、芥辣鸡、白片鸡、手撕鸡、风鱼鸡、滑鸡片、鸡尾搊、炖鸭、火爽鸭、海参鸭、八宝鸭、黄焖鸭、风鱼鸭、口蘑鸭、香菜鸭、京冬菜鸭、胡葱鸭、鸭羹、汤野鸭、酱汁野鸭、炒野鸡、醋溜鱼、爆参鱼、参糟鱼、煎糟鱼、豆豉鱼、炒鱼片、炖江鲚、煎江鲚、炖鲥鱼、汤鲥鱼、剥皮黄鱼、汤黄鱼、煎黄鱼、汤着甲、黄焖着甲、斑鱼汤、蟹粉汤、炒蟹斑、汤蟹斑、鱼翅蟹粉、鱼翅肉丝、清汤鱼翅、烩鱼翅、黄焖鱼翅、拌鱼翅、炒鱼翅、烩鱼肚、烩海参、十景海参、蝴蝶海参、炒海参、拌海参、烩鸭掌、炒鸭掌、拌鸭掌、炒腰子、炒虾仁、炒腰虾、拆炖、炖吊子、黄菜、溜卜蛋、芙蓉蛋、金银蛋、蛋膏、烩口蘑、蘑菇汤、烩带丝、炒笋、萸肉、汤素、炒素、鸭腐、鸡粥、什锦豆腐、杏酪豆腐、炒肫干、炸肫干、烂爐脚鱼（即甲鱼）、出骨脚鱼、生爆脚鱼、炸面筋、拌胡菜、口蘑细汤。"

这份食单是苏州饮食史上的重要史料，它记录了嘉庆、道光年间苏州菜点的名目，虽然没有详细说明菜点的烹制方法，但大体也可领略滋味。从这份菜单里，可以看出北方菜肴占有很大比例，但以湿地水产为原材料在其中的占比，则一望可知。

苏州人的日常生活离不开舟船。船菜起源于苏州，相传吴王夫差乘坐龙舟宴游，开创宫廷船菜之风；至唐代，诗人白居易任苏州刺史时，曾募工疏浚河道，修筑白公堤，从此七里山塘直通虎丘，乘游船宴游虎丘成为历代相沿、久盛不衰的民间习俗。苏州城内、城外河道密布，人们出门均以舟船为交通工具，路远的一日三餐均在船上食用。

苏州船菜逐渐形成专门的流派美食，并越做越精细，形成独有的口味特色。

华永根曾根据相关记录及食单整理出一份"王四寿船菜食单"。从"八冷盆"开始，就可以显示出江南水乡特色。"八冷盆"中就有鲞鱼松卷、烩虾、糟鹅、胭脂鸭、熏青鱼等五道，正菜三十道中，也有清炒河虾仁、清炒三虾、鸡火鱼肚、卤鸭掌、红烧冰糖甲鱼、秃黄油、虾子大乌参、花篮香菇、南腿炖甲鱼、油炸虾球、大开洋炒干贝、香炒青鱼丁、炒鲜塘蕈、网包鲥鱼、清装甲鱼、麻油拌笋尖、鸽蛋银鱼羹、蟹黄扒翅、莼菜鲃肺汤、八宝肥鸭、紫鲍烧童鸡、清蒸鳜鱼等，可见对湿地食材依赖之重。

柒

风景密码

一

湿地之城

朝与府吏别，暮与州民辞。

去年到郡时，麦穗黄离离。

今年去郡日，稻花白霏霏。

为郡已周岁，半岁罹旱饥。

上面这首诗，出自大诗人白居易之手。在白居易75年的生涯中，有一年是生活在苏州的，并且还在苏州过了年，这一年的正月初一是公元826年2月11日。过了这个年，白居易就55岁了。这一年，白居易是苏州一城五县的一把手。

在这一年中，白居易看到两次麦黄稻白的场景。这样一种有稻又有麦的农田景观非常壮观。他的另一首诗中也有麦稻景象。

景观风貌美好，但这并不是简单的风光——在这风光背后，藏着大量的信息。江南的农民一般不种麦，在白居易的叙述中，这种麦稻风光中可能还隐含着旱灾信息，因为无水种稻时，人们才会种麦。

苏州湿地从水面、沼泽，在自然的摆布与人类的加工之下，逐渐形成纵横塘浦，再从有序的河道不断分化、细化，形成了丰富的景观变化，这些景观变化反映了不同时期、不同生境的演化，自然，也同时显露了人类社会的生产、生活方式的变迁。

这些自然或人为的湿地风光，与苏州的山水、城市街巷、庭院民居、园林结合，构成了苏州的美好风光。而所有这些风光背后，都潜藏着人类社会在长期与湿地的互舞中微妙的密码。

如果一个现代人穿越回到六朝、唐宋时期，他所看到的苏州景象与今天相比，会有非常显著的差异。

世人都说江南好。严格来说，在唐代之前，江南好的文学意象是尚未形成的。形成江南好的景观是一个相对漫长的过程。江南好的文学印象在唐代形成，汉朝时没有人讲"江南好"，经过六朝的长期积累，河道与农田景观不断地从一片片沼泽中形成，直到唐代，才有了江南好的意象，并且发展到人人尽说江南好的地步。

此时苏州大部分地区还处于沼泽半沼泽状态，早期的塘浦河道仍显散乱，原来的河道江水对人为建构的水网形成冲击。许多地区还处于"白茫茫一片"的状态。大多数人住在圩田，圩田往往以圩外河，即某塘命名。诗人崔颢有《江南曲》一诗："君家居何处？妾住在横塘。停船暂借问，或恐是同乡"。此诗传播甚广，横塘因而著名。左思《吴都赋》中也有"横塘查下，邑屋隆夸"之句。苏州叫横塘的水名甚多，妇女说是住在横塘，实际上很可能就是住在某横塘中的某个圩内村庄，同一河塘的人可能就是同乡。

唐朝时，有市集的江村，坐落于有水栅的圩岸处，水栅一般筑于水流交汇之处，以防盗贼[1]。由于潮水的作用，河水涨涨落落，人们也饮这河的河水。村庄多有果树，特别是橘树。这种地方，往往有渔户居住，无论什么人家，树木都很多，与六朝时期的一片水域形成鲜明的对比。张籍笔下的渔户居住地，与竹林相联系。

01

生物景观

[1] 王建革：《水乡生态与江南社会（9—20世纪）》，北京大学出版社，2013。

"渔家在江口，潮水入柴扉。行客欲投宿，主人犹未归。
竹深村路远，月出钓船稀。"

这种田不但有芦苇，田头还有莎草可供刈割，休耕状态稻田才有的野生植被。大部分冈身被潮之地基本上没有作物。在低地区域，太湖吴淞江出口处在唐代仍处于大片水面，或有孤立的荒野之丘。此时野生植被多，作物景观所占比重不是很大。春天泛绿后，一直到夏天，基本上处于一种万花齐放、万绿通地的状态。

季节对水生植物景观的影响特别大。"池中春蒲叶如带，紫菱成角莲子大。"这些水生植物的种植不会花费农民很多的工夫，大多处于半野生的状态，稍种即长。可以补充食物，丰富营养。从总体的田野植被变化看，唐代是一个非常关键的时期，之前和之后的树木都较少，只有唐代圩田之岸有更多的树木。到明代，由于农业化程度加强，诗人歌咏江南时看不到非农业类树木："吴中好风景，最好是农桑"。田中只剩下低矮的小桑树，那是一种退化的风景。

早期的太湖流域圩田开发集中在低地，特别是低地与高地之间的浅水地带。大量的休耕旱地为小麦种植提供了机会。一些地方的小麦特别多，以致江南的夏天景观为之改变。六朝时的中国正处于寒冷时期，有许多小麦冻死的记载。这正是白居易看到的麦稻相映的场面。

丰水的环境有较多的野生资源，河水中有丰富的鱼类。吴淞江一带的人可以随意地在河道中围一点木桩和木条，到了时间就可以取鱼。"斩木置水中，枝条互相蔽。寒鱼遂家此，自以为生计。春冰忽融冶，尽取无遗裔，所托成祸机，临川一凝睇。"用这么简单的临时性渔具，在这么小的水面中，能捕到这么多的鱼，正可见当时水质清洁，生物资源丰富。春暖花开时，鱼类开始活动，这时候非常容易捉到鱼。而秋天是著名的松江鲈鱼最肥美的时节，陆龟蒙以一叶小舟游山玩水，船内只有一缸酒，天天钓鲈鱼吃。

乡村野生植被丰富，唐末有休耕，宋初也有休耕。这种休耕制度造就大量野生植被和野生动物繁茂的区域。

从河道里看农田，却不是稻麦景色。诗人罗隐曾陪人在圩田河道游历，看到的是花红稻黄："水蓼花红稻穗黄，使君兰棹泛回塘。倚风荇藻先开路，迎旆凫鹥尽着行。"张贲在这里携诗友游历时，看到了深秋时节稻穗、荷花及芦花的景色，水生植物与水稻景观并存。

吴江县宰张子野对于吴淞江口的捕鱼与山水风光描述堪称一绝：

"春后银鱼霜下鲈，远人曾到合思吴。欲图江色不上笔，静觅鸟声深在芦。落日未昏闻市散，青天都净见山孤。桥南水涨虹垂影，清夜澄光合太湖。"

夏季，这一地区的河道与湖泊水面上有丰富的水生植物，秋冬季节往往一空。"移船过九曲，满袖贮西风。木落山容老，荷枯水面空。"一般村庄的缘水地带有芦苇和菰蒲之类的水生植物。在当时诗人的野外水景描述中，一般都离不了水生植物和水鸟。范成大《野景》诗中有："菰蒲声里荻花干，鹭立江天水镜宽。画不能成诗不到，笔端无处著荒寒。"

人类在与湿地长期的"互动"中，发现、培育了各种湿地水生蔬菜。水生蔬菜（其中部分可以替代主食）为人类的生存提供了宝贵的资源。反过来，人类也在生活生产实践中找到了与水生蔬菜"共存共荣"的诀窍。"葑田"就是其中最有效率也最富特色的一个。

葑田是苏州湿地开发中一个特别的植被形态，对于湿地生态系统的演进、变化有相当大的影响，并且在近代的湿地恢复、管理中也提供了参考。

南末的苏州是大量移民与文人的避乱之地，人口的增加与开发的加强，使农业向北宋时期的深水区进军。当时处于一种"葑田如云"的状态，"湖南北三十里环湖往来，终日不达。"葑田成了水上交通的阻塞物。

在有的湖泊中，植物不能直接在水底着生，一些鸢尾属和水芋属植物的长根茎交织在一起，一面增长其厚度，一面向湖心延伸，逐渐形成漂浮的植毡，其上可以布满苔藓，也可生长草本及木本植物。

植物从漂浮植毡脱落后沉积于湖底，这种漂浮植毡自然浮动于水面，不在泥土里扎根。由于水面开发，飘浮植毡消失，农民才代以架田。到了近现代，一些外来的水生植物，在水体营养化的环境下，繁殖能力特别强，会形成类似的植毡。苏东坡把这种葑田水草侵湖的现象，比作人眼的"白内障"，也很恰当。

在这样垫高了的"准土地"上以及所谓"漂浮植物垫"上面栽种庄稼，就叫作"葑田"。古人把这些水草统称之曰"茭草"，后来的茭白为"葑"，也源于此。有的书上把"葑"解释为"菰根"，大约指的是

02

葑田

水上浮生的植物的根部,以及根部相互纠结的情状。不过从水草遮蔽湖面的这一点来猜想,这"葑"字也许是从水草把湖面封闭起来的这个意思上推演出来的。而后来苏州的"葑门",正是由此"葑"而来。

南宋时蔡宽夫《诗话》还提到一种活动式葑田:"吴中陂湖间,茭蒲所积,岁久,根为水所冲荡,不复与土相着,遂浮水面,动辄数十丈,厚亦数尺,遂可施种植耕凿,如木筏然,可撑以往来,所谓葑田是也"。从湖边葑田到缚于木排上的架田,有一个变化过程,中间形态就是上面所说那种盘结可移动,随湖水而起落的葑田。

葑田所种的另外一种蔬菜是菰菜,此菜从汉代起就与范成大提到的菱、藕种植一起发展。当时的水缘种植很多。大量葑田与大量的水缘植物共生,范成大曾撑着小舟在种植区劳作,取了葑田保护圩岸。

葑田的环境可能恰好促成了黑粉菌的生长环境,"菰"因而成为今天我们所知道的"茭白"。除了水面减少外,农业的开发也使挖河泥活动加强,水质中的营养物质减少,水面植被的丰度大受影响,葑田也就越来越少。

葑田在湿地与人类的关系中,处于微妙的地位,又具备多种功能和角色。在某种意义上,它是与湿地的生态功能特性最为接近的结构。它既是人类对自然介入的结果,也是自然对人类介入反应的结果。它既是一种被动生成的结构,也对生态环境有很强的影响;它具有现实的农业生产价值,甚至还是某些特定蔬菜的"催化剂"和"育种床",同时它还是非常有效的随生态环境质量变动的生态环境指针。它在苏州湿地中的存在甚至穿越了时间长河,既是古代的、传统的,也是现代的,连组成的植物都可能来自海外,还为湿地水环境治理提供了参考……

葑田是苏州湿地中与众不同的风景。但与苏州其他湿地风光一样,不仅是"自然风光",更是"湿地密码"。

苏州湿地中的各种植物，也呈现出各自的风貌。

挺水植物生长在深1米左右的水中，有较强的陆生性和耐旱性，全株裸露空气中仍可生存，大水时会死亡。苏州湿地中的挺水植物以芦苇、菰、蒲为主，这些挺水植物也随水环境的变化而变化。

芦苇最靠近岸边，有较强的陆生性和耐旱性。《诗经》中的芦苇有多种命名，蒹、葭、蒹葭、芦、苇往往都指芦苇，《本草纲目》仍然沿用。古人往往按实用性命名，同一物种的不同生长阶段、不同用途都可能有不同的名称。蒹葭也有时指别种植物，有时是指同一种植物。沈括言："芦苇之类，凡有十数种多。芦、苇、葭、薍、菼、蒹、华之类皆是也。名字错乱，人莫能分"。

唐代以前有大量湖泊湿地。晋代，人们从一片浅水中开出单堤，周边都是浅水，有大量的芦苇与荻草，故称荻塘。唐代，这里开菱塘，单堤两边有大量的菱。

从荻到菱，水面也经历了从浅水区开发到深水区开发的过程。早期的浅水区变成了圩田区以后，剩下的水面只能种菱，故称为菱塘或菱湖。唐代浅水水面多，秋时芦花飞扬。芦花飞扬是唐代江南秋色的重要体现。

芦苇滩地是鸟类理想的越冬地和迁徙中转地，许多留鸟也长期繁殖于此。在早期，雁鸭类水鸟等非常丰富。苏州东部地区，还有更为珍贵的鹤类，其他珍贵鸟类也有很多。左思甚至提到吴地农业有"象耕鸟耘"之气象。稻田处于休耕状态，又有许多芦苇和林地，才有鸟耘的一些特点，之所以可以吸引大

03

植物风貌

量的水鸟，正是由于有丰富的湿地资源和林地资源。

湿地生态系统养活了数量众多的鸟类。但到明清时期，鸟类栖息的林地和浅水湖泊已经很少，大量飞禽群飞的现象基本上不见，只太湖之滨仍有鸟类出现。

宋代初期，吴江一带有大量滩地和芦苇、菰草，秋天芦花堆地，如同大雪覆盖。姚铉有诗曰："句吴奇胜绝无俦，更见松江八月秋。震泽波光连别派，洞庭山影落中流。汀芦拥雪藏渔市，岸竹香风趁客舟。"吴江长桥修建后，积淤进一步加增，出现大量洲渚和滩地，芦苇也因此在这里大规模生长，在农业没有开发之前，芦苇一望无际。太湖周边水似琉璃，呈淡绿色，正是清水下的沉水植物所映。岸边有大量芦苇，秋天时芦花飞扬。芦苇丛中有鹭鸟。鹭鸶主要活动于湿地与林地，是湿地生态系统中的重要指示物种。

越到历史后期，圩田鱼塘越多，雁鸭类越集中在圩田与湖泊沼泽区停留，鸻鹬类和其他的珍稀鸟类基本上以沿海滩地和湖泊芦苇区为主要停留地。随着村落增多，鸭类穿梭于芦苇水面，许多人养绿头鸭。"绿头鸭，水禽，村人皆养之。养者名家鸭，野生者名野鸭。野鸭多绿头。"

自然湿地是最适宜候鸟的停留地。随着圩田增加，沼泽湿地变为稻田、荷塘、鱼塘类的人工湿地，相对而言，不利于鸟类停留，鸟类的密度和丰富度都不如自然湿地。

到明代，浅滩芦苇被圩田与稻田替代，东太湖淤浅时，一开始芦苇丛生，随着湖田的发展，芦苇消失，稻田形成。太湖沿岸湖田的大发展，原先遍布芦苇的闲荡逐步发展成湖田。朱国祯言："堤之功，莫利于下乡之田。途家湖边，看来洪荒时，一派都是芦苇之滩，却天地气机节宣，有深有浅，有断有续。中间条理，源自井井。明农者因势利导，大者堤，小者塘，界以埂，分为塍，久之皆成沃壤"。

随着滩地农业开发强度的增加，水稻、桑树、麦类作物增多，芦苇等水生植被减少，但水生植被仍可以和农田、河道构成特色景观。桑树与水荡中的芦苇高低相对，可以形成特有的景观。宋伯仁过乌镇时写道："望极模糊古树林，弯弯溪港似难寻。荻芦花重霜初下，桑柘阴移月未沉。"

明清时期河道区的芦苇减少，淤塞使河道变细，水流加速，芦苇生长量自然减少。长江上仍有传统景观。刘溥有诗："江上芦花似雪飞，玉京游客正思归。画船载酒寻诗社，沙鸟冲人下钓矶。南浦早霜秋潦涸，西风残照故山微。到家想见开筵处，翠竹黄花晚更辉"。

与芦苇同样成为标志性湿地植物的是荷花。宋代时的苏州城河道已经有一定量的荷花。有宋诗写到苏州河道中的荷花："吴歌婉婉清如水，西风晓自阊门起。双桡艇子采菱来，翠荇绿苹香十里……回身荡桨入门去，明月家家秋水流"。河网纵横，舟行方便，采莲女的风姿也为运河中的士大夫所见。苏州城河道有大量的荷花群落和水生植物。

不过后来，苏州城在经济发展、聚落密度增加的情况下，河道荷花也逐步减少，苏州城是士大夫的聚居地，审美空间也因此大大减少。

到明清时期，由于重要的浅水湖泊都出现萎缩和进行圩田开发，大规模的荷花群落在开发的压力下已经很少见。吴江长桥区在淤浅和湖田化的推动下，水环境大为改变，大量湖田使荷花的种植水面大大减少。荷花减少，种菱则增多，因种菱比植荷更有利可图，更适合小农经济。在苏州，一点仅有的水面荷花成为大众集中的观赏地。

江南的沉水植物有眼子菜、穗花狐藻、菹草、苦草和金鱼藻、

黑藻等。沉水植物多呈橘绿色和褐色，有助于吸收水中的微弱光线。

苏州东太湖地区的沉水植物既保证了太湖流域的水稻田水源的清洁，也保证了太湖以东河流饮用水的清洁。大量沉水植物和挺水植物在一定程度上逆转着湖水变浑的大趋势。作为一个古代城市，苏州人口非常密集，人们能够长期直接饮用河水。这与河道中水生植物，尤其是沉水植物长期存在相关。沉水植物使古代的水体透明度非常之高，景观优美，是古典诗歌与绘画的重要素材。

近半个世纪以来，伴随现代中国的经济与社会发展，生态保护工作被提上重要日程。恢复美丽的苏州湿地景观，恢复水生植物，正在逐步成为现实。

苏州园林甲天下。

"一座园林就像一方壶中天地，园中的一切似乎都可以与外界无关，园林内外仿佛使用着两套时间，园中一日，世上千年。就此意义而言，园林便是建造在人间的仙境。"

这是《不朽的林泉：中国古代园林绘画》中对苏州园林的赞誉。

时光流转，今天的苏州宛然成为中国园林，尤其是私家园林的代名词，有"江南园林甲天下，苏州园林甲江南"之誉。园林是古人生活不可或缺的一部分，上至帝王将相，中至仕宦商绅，下及耕樵贩夫，莫不有园亭草木的营筑或培育；在全中国，园林的分布北达边塞，中遍九州，南及闽粤。

苏州园林何以能从众多园林里脱颖而出，成为中国园林的代表？当人们游览苏州园林，为它们的精雅倾倒之余，心头常常浮起这个问题。

苏州古典园林是苏派建筑的精髓，萃取、融合了不同时期园主、设计者、艺匠和文人墨客等的智慧，是文心和匠心的合体。园林作为苏州文化的名片，演绎了"现实中的天堂景象"，特别是近现代以来，擘画着苏州城市化建设的基本格调。联合国教科文组织遗产委员会对苏州古典园林给予高度评价："中国园林是世界造园之母，苏州园林是中国园林的杰出代表。"

苏州园林可上溯于春秋。姑苏台就是春秋吴国皇室园林。两汉以后，苏州私家园林初兴。到魏晋南北朝时，江南居安于乱常，北人南迁，豪族势力和经济文化力量壮观，隐士醉心于乡野

04

山水与园林

园居之风日盛。

唐代，苏州"风物雄丽，为东南之冠"，经唐宋两代官府修建，苏州治署园林颇为"雄特"。唐宝历二年（826），白居易任苏州刺史，在其厅署，亭榭楼阁，假山曲池，竹树繁花，极呈园林之色，

宋室南迁，苏州及江南园林渐成中国庭园主流。见诸史籍的有沧浪亭、艺圃、桃花坞、五柳堂、隐圃、招隐堂、小隐堂、秀野堂、窝庐、藏春园、如村、道隐园及范成大石湖别墅等。据统计，两宋苏州仅私家园林就有50余处，与杭州、湖州三足鼎立，且居于首。

南宋渡江，虽是中国历史中的大不幸，却成为江南文化的大幸运，中国园林从此进入了"江南时代"。在南宋都城杭州，环绕西湖和东南郊的钱塘江兴建了百余处园林。

想必读者还会记得，苏州湿地的开发，也正是在两宋时期进入真正的"大手笔"时代。

明代是苏州古典园林的繁盛时期，无论是数量还是艺术造诣，都达到了历史上的高峰。苏州园林一跃成为中国私家园林的首席代表，这一地位此后再未动摇。清代，苏州园林延续明代鼎盛，府城更为密集。

明代竟陵派领袖钟惺说："予游三吴，无日不行园中"。著代文学家沈朝初则赞誉："苏州好，城里半园亭"。我们今天熟悉的拙政园、留园等都是明清时期的杰作。由此形成了苏州园林城市的特色，奠定了全国领先地位。造园技艺和艺术也在这一时期得到总结与提升。

根据光绪《苏州府志》对历代苏州园林的统计：先秦6处、汉代4处、南北朝14处、唐代7处、宋代118处、元代48处、明代271处、清代130处。

数字勾勒出苏州园林盛衰起伏的轨迹，同时也印证了它在明清达到鼎盛的事实。

成为园林之城，苏州拥有地理上的优势，周围俊秀的山川与吴地多水的环境是其天然沃土。虎丘、灵岩、天池、穹窿等连绵诸山，太湖、吴淞江、娄江等河湖水系，构成典型的水乡风貌；城市内外河网交叉，交通便捷，引水便利；同时气候温和，雨水充沛，适宜植

物生长，为园林兴建提供了得天独厚的自然条件。

苏州山不甚大，水则无处不在。说山水，是自然。苏州的园林之甲于天下，是因为一种过渡界面的性质，将自然的山水引入庭园，将人类细微的日常生活与自然环境相链接。这种"界面"与"过渡"，是不是与湿地的特性，同样有几分相似？

水是江南园林之魂，是苏州园林构建的必备要素。无水不园，园因水活，水铸就了苏州园林的灵动和俊秀。江南园林甲天下，苏州园林甲江南，其关键在于处理水的技艺。苏州园林外引河湖水源，园内水系经过技术处理和艺术加工，迂回盘曲，活水周流。手法多样，聚散结合，借他物以造景，水池与山石、瀑布、小桥、花木融为一体，浑然天成。可以说，苏州园林的山水技术，正是将部分自然湿地引入家园。

在水的孕育下，苏州园林呈现出别样的风景更擅长在较小的空间里寻求"天人合一"之境界，可谓"咫尺之内造乾坤"。

拙政园是苏州古典园林的代表作，我国园林艺术的珍贵遗产。1997年被列入《世界遗产名录》。拙政园始建于明正德初年（1506）。造园之初，利用城内第一横河水系，后经多次改建复建。园林格调平淡天真、疏朗自然、天人合一。园林面积约1.23公顷，水面积约占总面积的1/3。全园以水为中心，疏浚为池；望若湖泊，碧水浩渺，厅榭精美，花木繁茂。所谓"居多隙地，有积水亘其中，稍加浚治，环以林木""地可池则池之，取土于池，积而成高，可山则山。池之上，山之间，可屋则屋之"。总体形成水陆萦绕、水回山环，给人以无可穷尽之感[2]。

[2] 胡火金、苏州市水务局：《苏州：水文化概论》，苏州大学出版社，2020。

总体而言，拙政园的山水设计分东、中、西三个部分，三个小园相对独立，又各具特色。中园是园的核心和精华，以大水池为中心，中部呈横向短形，水内堆出两座山岛，以小桥和堤将水面分成数块，大小湖面，既自成一体，又相互通连；西部的补园亦以水池为中心，水面呈曲尺形，以散为主，聚为辅；东部原称"归田园居"，开朗明快，其水面广阔，水体较大，水形丰富。开阔的水面、平静的水池、狭长的水洞、幽静的水潭、深邃的水井等，各种水体相得益彰。整个水面既有分隔变化，有聚有散，层次丰富，又彼此贯通、互相联系，并在东、中、西南留有水口，与外界水源连通；聚处以辽阔见长，散处以曲折取胜，产生"疏水若为无尽"之感。以水体理景为主，借以建筑、山体、花木穿插其中，与水体相映生辉，景色自然。

可以说，拙政园的水体元素，几乎完美地重现了苏州湿地在自然状态下的多样性与审美要素。

沧浪亭倚水而建，借水造景，因水立意。沧浪亭原为五代吴越国广陵王钱元璙的花园，五代末为吴军节度使孙承祐的别墅，北宋庆历年间为苏舜钦购得，在园内建沧浪亭。后以亭名为园名。

沧浪亭是苏州最为悠久的古典园林。2000年作为世界文化遗产、苏州古典园林增补项目被列入《世界遗产名录》。

南宋《平江图》显示，沧浪亭西、北两面已无水道，沧浪亭西北角的墙体与水道呈"工"形相邻。明崇祯十二年（1639）《苏州府城内水道图》显示，原"工"形水道上端西转，在墙体北面形成了橄榄形池塘，池塘西侧尽头南转，整个池塘与水道呈"几"字形，此后两百余年"几"字形水道从未断流。此后，水道几度变迁，演变为现在的沧浪亭水道，其入口处东面变成了一湾开阔的水面。

沧浪亭的理水方式别具匠心。园外有一池绿水环绕，其围墙修建独具特色，长距离的围墙与水相邻，园林东、西、北均有城内水道，三面临水，园内在小山下凿有水池，正所谓——园外曲水当门，石梁济渡，园内一勺而已。沧浪亭占地面积1.08公顷，整个园林位于湖中央，湖内侧由山石、复廊、亭榭围绕一周。园内以山石为主景，山上植有古木，山下水池，山水之间以曲折的复廊相连。山石四周环列建筑，通过复廊上的漏窗渗透作用，沟通园内外的山水，水面与池岸、假山、亭榭融为一体。

苏州园林虽有大小之异，园中水池也有聚散之别，且每一园林不尽相同，但一贯遵循"小园宜聚，大园宜分"的构成原则。"虽由人作，宛自天开"，师法自然，因地制宜，追求意境，充满诗情画意，淡雅而幽静，体现出独特的艺术风格。

苏州园林最为显性的审美，是以物象来完成塑造的，并往往通过以人们的视觉、直觉就可以实现，而风景的要义是围绕着水铺陈出风雅。

山水是"成于天"的[3]。苏州园林则不然，其中绝大多数地处闹市，没有天然山水可以利用，然而又偏偏要建构山水园林，只能以写意的方式，用人工的假山甚至假水来替代。正因为如此，苏州园林中的山水，不能完全说是"成于天"，相反应该说，它基本上也是"成于人"的。当然，从另一方面说，苏州市区随处可以见到的河流湿地，也被一些著名园林合理地利用起来。

如把苏州园林放在全国大环境中来审视，其"东南多水，西北多山"的特征极为明显。在苏州，除了

[3] 刘珊：《苏州园林》，江苏人民出版社，2014。

以水为中心的园林（如艺圃、网师园）和以山为中心的园林（如环秀山庄）外，凡是山水并重的园林，一般来说，山多分布于西北，水多分布于东南。这一特征，有意无意暗合了中国"西北高、东南倾"的大地形。

清代诗人沈德潜在《网师园图记》中，说它"碧流渺弥"；清代著名学者钱大昕在《网师园记》中，说它"沧波渺然，一望无际"。半亩之池，可说是芥子之微，为什么能见出"一望无际"的渺弥境界？

水是苏州园林的"活物"，园林是漂浮在水上——或者说，是湿地上的美景。哪怕像网师园这样的极小之园，也是以湿地造景作为典范，园中一片半亩池水，通过园艺手段，巧妙运用大与小、动与静、明与暗、开与合、虚与实，辽阔空旷而多姿。池水倒映出亭、树、廊、阁，天光、云影交织在一起，更是风姿绰约。

湿地不是单纯的水体，园林更不是简单的人工山水植入。花草树木是园林的生机，"苏州园林植物种类有200余种，一般大型园林在100种以上，中型的也在50种左右"。在构筑的厅、廊、堂、榭之"人境"内外，有了植物的衬托，就有了天然雕琢及与自然呼应的意境。园林配置的花木主要有松、竹、梅、玉兰、山茶、紫薇、芍药、牡丹、睡莲、荷花等，这些植物因不同的自然形态特点，各有"德性"。造园者选择植物，除了美化环境外，更重要的是赋予其丰富内涵的审美意象，即"象外之至，象外之境"之意境美。

苏州园林是苏州最知名的名片。一座典型的苏州园林，如果置于一片高楼耸立的钢筋水泥丛林中，自然会十分违和。当它嵌入常见的苏州传统城池、街市建筑中，却十分自然。这不仅仅是因为苏州传统城区中本身就有大量河道水流可以接入苏州园林中，因而让苏州园林成为一个有机接入真实的苏州城市的园林，同时也因为，苏州的传统城市本身，无论就建筑还是街道布局来说，都在揭示着这座城市是从一片湿地中建设而成的隐秘历史。苏州，这座历史久远的城市，它的每一条基因，每一个细胞，每一条血管，每一根骨架，都与湿地文化密不可分。这座城市本身就是一个湿地文化的宏大空间结构。

从宏观来说，苏州的古城古街，都由湿地而来，受湿地影响，并在设计、建造、运行维护和日常生活形态等多方面，体现出湿地的存在。

苏州古城是一个典型的水围之城[4]。当年伍子胥奉

4 胡火金、苏州市水务局:《苏州: 水文化概论》，苏州大学出版社，2020。

05

建筑与水文化

吴王之命构筑吴国都城，形成水陆八门的大城。环城之外有护城河和其他河道，这些河道包围了古城。南宋《平江图》中显示的苏州古城河流、道路、桥梁及重要的建筑物，基本呈现了水陆双棋盘格局，城市框架亦由此确定，城内坊巷亦以此分布，在河道上架有桥梁，水陆交通都很方便。明清时期虽有所变化，但总体格局没有太多改变。

于是，苏州城内河道纵横，形成了独具特色的水巷民居建筑。街道依河而建，民居临水而筑，前门临街，后门沿河，铸就了江南水乡典型的"枕河人家"。

水巷主要有三种形态，其一，是一房一河，河道一边为民居建筑，另一边为街巷，河街并列。这在苏州沿河民居中最具有代表性。

其二，是两房夹一河，河道在中间，两边是枕河民居，排满了粉墙黛瓦的房屋，形成一条供舟船来往的水上小巷，有河无街，人们很多生活物资依靠船只提供。

其三，是两街夹一河，中间是河道，河道两岸都是与河道平行的街巷，两街夹河，兼得水陆两便。以河道为主体，平行的街道水巷，跨河的各式小桥，邻水的民居建筑，沿河的花草树木，还有水码头、水踏步、石栏杆、古井、水亭、牌坊等建筑小品串联组合起来，构成了一个别具风采的水巷空间。

吴良镛先生曾经在评价江南水巷时说："河道两侧民居压驳岸而退，形成一条幽深水上小巷。舟楫穿梭，倒影浮荡，橹声欸乃；民居粉墙黛瓦，栉比鳞次，错落参差，形成了一条水上风景线。水巷上常有节奏地架设着形式各异的石桥以及跨河宅院的私家小桥、桥廊、水阁，东西南北桥相望，商店、茶楼、酒肆、码头（河埠头）等往往与桥梁结合起来，成为人们活动的集中点，丰富水巷的景观"。

小小水巷不仅是人们的生活场所，还是人们的交流场所，更是人们亲近水、感受水、乐水及启迪智慧获得创造灵感的场所。

而苏州古城内平江历史街区和山塘街，最能体现"枕河"的特色。

宋元以来尤其是明清时期，以苏州为代表的江南商品经济勃兴和市镇群的繁盛相辅相成，也为今天的苏州留下了众多的古镇。古镇因"市"而"镇"，商贸极其繁荣。今天的苏州水乡古镇保存较好，其中周庄、同里、甪直都是江南水乡古镇的代表，这些古镇具有极其重要的历史文化价值。

古镇的总体形象是"粉墙黛瓦""小桥流水人家"。因纵横交错的水网，居住房屋依水而建，几乎家家有水埠，户户有河棚，街道、水巷、小桥、古井与白墙、黑瓦、砖石木构相映生辉，独具水乡风格。古镇以水为轴展开，因水成街，因水成城，因水成镇。古镇以街道为中心，连接着民居、店铺、街坊，伴随着纵横交错的河道系统，形成了江南水乡古镇的整体空间布局。"水"是古镇的依托，古镇人的生产生活都依赖水、围绕水展开。

水乡村落因为水网密布，丰富的水源为百姓生产生活带来了便利，村民因此聚集。作为市镇的延伸，村落少了些市井气息，多了些朴实恬淡和远离尘世的安静。

在苏州古村落中，明月湾古村十分古老，其位于太湖西山岛南端，相传形成于春秋时期，村名由吴王和西施赏月而来。唐宋时期，明月湾村基本形成了水陆棋盘状的格局。在清代乾隆年间，明月湾修建了大批宅第、祠堂、石板街、河埠、码头等建筑。今天还保存着近百幢清代建筑，村中有上公里长的石板街。在这些古建筑中，不仅有精致典雅的砖雕、木雕，还有华丽秀美的苏式彩绘，白居易、陆龟蒙、沈德潜等文人也在此留下过美丽的诗篇。

苏州的风景，从自然的芦苇草荡、浮萍睡莲、鱼虾禽鸟，到水巷人家、园林山水，它们既具有风物的美感，又具有历史的沉淀余韵，更重要的是，它们共同构成了湿地文化空间。

苏州目前的文化密集空间可以从非物质文化遗产保护基地的空间分布来评估。

一是围绕护城河内外的苏州

古城区，是集中体现湿地文化的区域。这里集中了古典园林历史街区和文物保护单位。

二是阳澄湖沿岸一带，传统工艺美术资源丰富，集中了缂丝、木船制作、淡水珍珠养殖及制作等工艺。

三是金鸡湖东边湖荡地区，有唯亭草鞋山新石器时代遗址，以及胜浦、甪直一带的山歌、水乡传统妇女服饰及斜塘评弹等民俗、民间文学活态遗存。

四是苏州东南部水网地区，这里古镇密布，周庄、甪直、同里、锦溪、千灯、黎里、芦墟、平望和沙溪等水乡古镇，保存着大量具有高度艺术与文物价值的古建筑，如古塔、古桥、寺观、祠堂、会馆、街署、名人故居、牌坊和古井等。

五是在太湖中的岛屿，苏州保存较好的古村落主要分布于此。

六是苏州西部太湖沿岸，闻名遐迩的苏州传统工艺类、传统美术类项目云集于此。如刺绣技艺、缂丝技艺、玉石雕刻、碧螺春制作技艺、水乡木船制作技艺及香山帮传统建筑营造技艺等。

七是在苏州北部沿江地带，荟萃了具有鲜明江南特色的戏曲、曲艺、民间音乐和民间舞蹈，江南丝竹、道教音乐、古琴艺术、山歌，以及评弹、滚灯和宣卷等织就的民间文化网。

八是大运河沿岸文化廊道。古运河沿岸保存了一批风貌较好、历史文化价值较高的古驳岸（古纤道）、驿站古亭、古城墙、城门关隘、古塔、古寺庙、古墓葬群、古桥梁、古会馆、古民居、古典园林和近现代工业遗存等文物古迹50多处。大运河及域内外联水道，促进了苏州与其他地区的文化交流。

上述这些文化空间，都在不同程度上埋藏和记录了苏州从湿地中降生、成长，苏州的人类与湿地在数千年光阴中互舞而共生的密码。这些文化因子，浸润到苏州最深层的文化血脉中，成为苏州这座城市永远传承的文化基因。

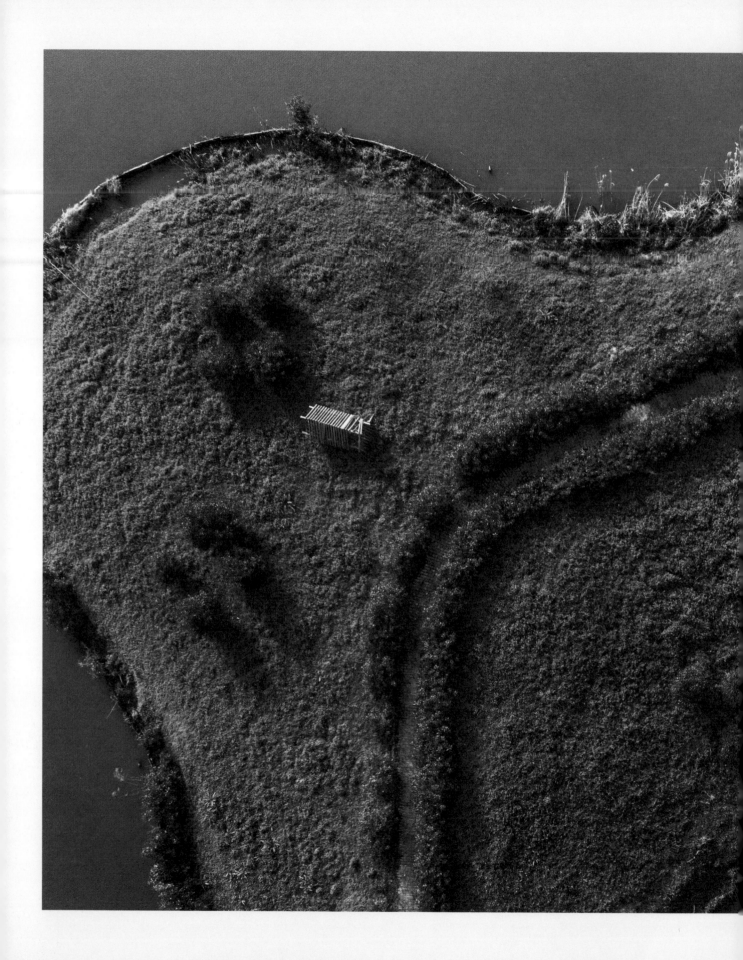

捌

君到姑苏见

湿地之城

君到姑苏见，人家尽枕河。

古宫闲地少，水港小桥多。

夜市卖菱藕，春船载绮罗。

遥知未眠月，乡思在渔歌。

《送人游吴》是一首向友人介绍苏州水城秀美风光的送行诗。诗人导游抓住水港、小桥、枕河人家几个关键词，向友人介绍游览姑苏的关键看点。杜荀鹤虽非吴人，却十分懂得苏州，并且深深地爱上了这一方水土。

无数土生土长的、来苏游宦和流寓的、路过苏州的骚人墨客，都曾为苏州倾倒，感发兴会，尽情地讴歌苏州风貌。

读过本书前面部分的读者，无须特意提醒，即可了解古人关于苏州湿地的诗词歌赋作品，是何等丰富。这些诗词歌赋，乃至更宽泛的文艺创作产品，笔触无处不及，特别是对湿地相关自然、人文景观。这些作品既可观人文，也可见风物；既有实录，也有抒情，是文学，也是史料。

人类的审美，绝不限于孤立的领域。无论是绘画还是曲艺，湿地元素都不可避免地成为主要表现对象。但反过来，湿地元素的渗入，也让湿地自然风貌在不同时代的变迁，影响到艺术风格——这又是一个人类与湿地对舞的舞台。

吟咏苏州的诗文实在太多，也就意味着吟咏苏州湿地的诗文同样太多。一池方圆何以承太湖之水。限于篇幅，这些诗文不能一一列举。

诗文背后，是人，诗人与文人。

"吴中信是好山水"（王鏊《灵岩山》）。苏州山明水秀，是著名的江南水城，素有"东方威尼斯"之美誉。古城内，河道纵横交错，掩映着绿柳、红桥、水阁、曲栏，画舫穿梭其间，景色分外清丽秀美。"绿浪东西南北水，红栏三百九十桥"（白居易《正月三日闲行》），"桥映家家柳，泾通处处莲"（王禹偁《忆旧游奇致仕了借寺丞》），"君到姑苏见，人家尽枕河"（杜荀鹤《送人游吴》），"烟水吴都郭，阊门架碧流。绿杨深浅巷，青翰往来舟"（李绅《过吴门三十四韵》）。古城外，湖泊江河，星罗棋布，有"万顷琉璃秋映河，做作蔬风柳月"（吴绮《清平乐·太湖》）的太湖，有"金盆出水耀光芒，玻璃迸破银瓶污"（顾嗣立《八月十八夜看月》）的石湖，有"南浦春来绿一川，石桥朱塔两依然"（范成大《横塘》）的横塘，有"乘潮动旅榜，雾散寒江曙。苍蒹靡靡出，白鸟翻翻去"（高启《渡吴淞江》）的吴淞江。此外，还有澹台湖、金鸡湖、独墅湖、娄江、越来溪、山塘、莳溪等，环城皆水，家家户户临河傍水，"古宫闲地少，水港小桥多"（杜荀鹤《送人游吴》），"近湖渔舍皆悬网，向浦人家尽种莲"（张羽《过姑苏城》），形成了苏州自然风光中"以水取胜"的独特特征。尤其值得瞩目的是，苏州的山山水水相互依存，相得益彰，山带水而愈加明

01

湿地浸润的诗歌

秀，水依山而更富神韵，"群山抱水水包山，金作芙蓉玉作环"（释德祥《题林屋洞天》），"虚岚浮翠带湖明"（郑文焯《浣溪沙·从石壁、石楼往来邓尉山中》），"一雨快晴云放树，两山中断水粘空"（范成大《胥口》），"三万六千何渺渺，倒浸玉京瑶岛"（沈禧《清平乐·太湖月波》）。

较早将苏州写入诗句的是陆机。他在《吴趋行》中写道"吴趋自有始，请从阊门起。阊门何峨峨，飞阁跨通波"。于阊门观水巷，这是多么古老的旅游标配。

唐代值得第一个记下的写作者，是李太白："姑苏台上乌栖时，吴王宫里醉西施。吴歌楚舞欢未毕，青山欲衔半边日。银箭金壶漏水多，起看秋月坠江波。东方渐高奈乐何！"

诗人们在苏州留下了中国诗歌史上不多的盛景与佳话，此处的诗人，不仅是诗人。白居易《送刘郎中赴任苏州》诗曰："何似姑苏诗太守，吟诗相继有三人"。唐朝中期三位著名诗人韦应物、白居易、刘禹锡曾先后出任苏州刺史，担任行政长官，成为苏州史上佳话。三位姑苏诗太守热爱苏州，留下许多名篇佳作。

姑苏诗太守第一位是韦应物。韦应物出身于高门，其诗多写山水田园，清丽闲淡。唐德宗贞元四年（788）秋，52岁的韦应物被任命为苏州刺史，因此后人称他"韦苏州"。韦应物对大自然的观察体验十分细致，又有很高的审美能力和语言技巧，其诗风被后人称为"韦苏州体"。

在苏州任职期间，韦应物勤政爱民，关心百姓疾苦。关于苏州的富庶繁华，韦应物在《登重玄寺阁》诗中进行了具体详细的描写，诗曰：

"时暇陟云构，晨霁澄景光。始见吴都大，十里郁苍苍。山川表明丽，湖海吞大荒。合沓臻水陆，骈阗会四方。俗繁节又暄，雨顺物亦康。禽鱼各翔泳，草木遍芬芳。于兹省氓俗，一用劝农桑。诚知虎符忝，但恨归路长。"

韦应物《游溪》中的姑苏水

天堂景色明丽而迷人：

> "野水烟鹤唳，楚天云雨空。
> 舣舟清景晚，垂钓绿蒲中。
> 落花飘旅衣，归流澹清风。缘
> 源不可极，远树但青葱。"

虽然在苏州为官只有17个月，但诗太守白居易与苏州结下了深厚的情缘，写下许多描绘苏州水城的好诗。文首的《正月三日闲行》即写于苏州。

白居易也经常坐船游览。他的《小舫》记录了他驾舟水上行的情景：

> "小舫一艘新造了，轻装梁柱
> 庳安篷。深坊静岸游应遍，浅水低
> 桥去尽通。
> 黄柳影笼随棹月，白草香起打
> 头风。慢牵欲傍樱桃泊，借问谁家
> 花最红？"

姑苏诗太守第三位是刘禹锡。他大和六年（832）出任苏州刺史。在他来苏州前一年，苏州遭遇特大水灾。刘禹锡到达苏州后，目睹了水灾所造成的严重后果。因此，他深入民间，筹谋救灾之策，受到苏州人民的爱戴。

刘禹锡曾写《白舍人曹长寄新诗，有游宴之盛，因以戏酬》诗云：

> "苏州刺史例能诗，西掖今来替左司。二八城门开道路，
> 五千兵马引旌旗。
> 水通山寺笙歌去，骑过虹桥剑戟随。若共吴王斗百草，
> 不如应是欠西施。"

首句写"苏州刺史例能诗"，此言不虚。犹如韦应物、白居易，刘禹锡也是一位著名诗人，其诗雄浑豪健，音节和谐响亮，立意高卓超远。他与白居易关系密切，时相唱和，世称"刘白"。这首描绘苏州水城格局与特色的诗作气魄不小，读着这样的诗句，不难想象当年苏州水城的盛况。

刘禹锡在苏州做了三年刺史。离开苏州时曾写《别苏州》二首，其二曰：

> "流水阊门外，秋风吹柳条。从来送客处，今日自魂销。
> 还是阊门，又见流水。"

全诗充满了离别情意，表达了对苏州的难舍深情。

唐代描画苏州湿地的著名诗人，还有皮日休、陆龟蒙。

到了宋朝，来苏州的诗人更多。他们对苏州湿地的描述，已然不仅是单纯抒情，也更关注细节。其中本是平江府出身的范成大，为苏州留下了最多的诗句。范成大对故乡苏州的依恋由来已久，早在彻底归隐之前，他就写过"归程万里今三千，几梦即到石湖边"这样的思乡之句。他以平视的视角描绘了农家浓郁的生活气息，像老农一般欣喜"吉日初开种稻包，南山雷动雨连宵。今年不欠秧田水，新涨看看拍小桥"。《横塘》，更是苏州水景名作："南浦春来绿一川，石桥朱塔两依然。年年送客横塘路，细雨垂杨系画船"。

宋之后的诗作，苏州人唐寅即唐伯虎的一首《江南四季歌》，信息特别丰富，甚至连苏州的水产美食都事无巨细写入诗中：

"江南人住神仙地，雪月风花分四季。满城旗队看迎春，又见鳌山烧火树。千门挂彩六街红，凤笙鼍鼓喧春风。歌童游女路南北，王孙公子河西东。看灯末了人未绝，等闲又话清明节。呼船载酒竞游春，蛤蜊上市争尝新。吴山穿绕横塘过，虎邱灵岩复元墓。提壶挈盒归去来，南湖又报荷花开。锦云乡中漾舟去，美人鬓压琵琶钗。银筝皓齿声继续，翠纱污衫红映肉。金刀剖破水晶瓜，冰山影里人如玉。一天火云犹未已，梧桐忽报秋风起。鹊桥牛女渡银河，乞巧人排明月里。南楼雁过又中秋，桂花千树天香浮。左持蟹螯右持酒，不觉今朝又重九。一年好景最斯时，橘绿橙黄洞庭有。满园还剩菊花枝，雪片高飞大如手。安排暖阁开红炉，敲冰洗盏烘牛酥。销金帐掩梅梢月，流酥润滑钩珊瑚。汤作蝉鸣生蟹眼，罐中茶熟春泉铺。寸韭饼，千金果，鳖群鹅掌山羊脯。侍儿烘酒暖银壶，小婢歌兰欲罢舞。黑貂裘，红毾𣰆，不知蓑笠渔翁苦？"

明代戏剧家沈璟有一首《夕光洞口观落日》诗，对夕照下的湿地，描画得很有气势：

"天光射水水射天，万象摇动群峰前。日车似避水伯怒，欲落不落空中悬。

金波百道流血鲜，上下两镜断欲连。转瞬两镜成一镜，阳乌轩翥金雅联。

云霞红紫态万千，瞑色忽销苍苍烟。黯惨休嗟景不延，回头月出东山巅。"

诗词缘于苏州美景而发，苏州美景借诗词而流传。当然，反过来，自然风物景色的变化也渗入文学作品的风格中。

从唐代到两宋，在自然因素、社会变迁、人口迁移、生产方式改变等多方面因素影响下，原来的大圩田逐渐衰落、崩溃，形成以泾浜为体系的小枝河，形成适合小农的环境。

唐代的原初环境受到人类的影响还没那么大，展现的风光景色也比较阔大宽宏，影响了很多诗人的诗风。唐代诗人的气魄大为不同，构成了白居易那"日出江花红胜火，春来江水绿如蓝"的阳性气质的景观叙述。到北宋，诗风一变，一派苍凉孤立之感，且多阴性气质。

由唐到宋的社会变化是中国传统社会的一个重要转型，吴淞江流域内的景观变化与其人文感觉的转变，对这种转型起到了很大的推动作用。长期以来，学术界似乎夸大了这种转型的经济动力。其实，经济推动力可能只会改变部分市场行为，感情因素的变化才真正地推动了文化的转型，改变了的生态环境与人文气氛更有能力改变人的内在世界[1]。

[1] 王建革：《水乡生态与江南社会（9—20世纪）》，北京大学出版社，2013。

一方水土养一方人。地域文化对地域作家的影响是复杂而深层的，有时是潜移默化地濡染，有时则是出于作家自觉的追求。作为吴文化典型代表的苏州文化，其有柔性、冲淡、隽雅的特色，充溢着鲜明的江南水乡气息，酥软柔糯的吴方言更是苏州文化的独特旗帜。从吴侬软语到评弹昆曲、从苏帮菜到苏绣、从吴门画派到苏州园林，都以精致、秀丽、柔婉、风雅为特征，表现了苏州人的独特民性以及冲淡自适、追求自在闲适的人生艺术化境界。自古而来，在苏州文化这一母体孕育下的苏州文学也呈现出独立的精神风貌和别具一格的魅力。

当代苏州文学，秉持着延续千年的文脉，呈现出一派繁荣的景象。以陆文夫、范小青、朱文颖、陈益为代表的苏州小说作家；以车前子、陶文瑜、金曾豪为代表的苏州散文作家，其创作都包蕴了深厚的苏州文化因子，散发了浓郁的"水性"风韵。

水是苏州文化的精髓和灵魂，正是这方水土，孕育了苏州人清秀儒雅的体态、刚柔并济的性格、风雅脱俗的文化性灵。水脉不断，文脉绵延。苏州文化是"水性"的文化，一定程度上而言，在苏州山水、苏州文化孕育下的苏州文学也闪现着"水性"的光泽，并洋溢着浓郁的"苏州味"。

从陆文夫的处女作《移风》开始，苏州的乡镇习俗、小桥流水、牌坊老井、庭院古树、幽深曲折的石板小巷、沧桑厚重的石库门便成为一道独特的风景要素反复出现在其笔下。《小巷深处》开篇的环境描写便带有浓郁的苏州味道，"苏

02

文学苏州

州，这个古老的城市，现在是睡熟了。她安静地躺在运河的怀抱里，像银色河床中的一朵睡莲。"中篇小说《有人敲门》中亦有较多的笔墨描写了苏州风貌。小说中，主人公施丹华所住的房子是苏州最典型的江南民居，住的厂房则是护城河边上一栋花园小楼，沿墙临河，水上码头的风光一览无余、浓淡相宜。

作家范小青以其婉约宁静的风格、从容舒缓的笔调，记录着她所理解的小巷世界的方方面面，书写着苏州一地的世情风貌、民俗掌故和人事变迁。她在《城市民谣》中对"剪会巷"的描写便洇染一抹江南水乡独有的风情："把许许多多泛着乌青光的像磨刀砖一样的上等青砖，紧紧密密地砌起来，一条街就铺成了，站在街的这一头向街的那一头看，街像古装戏里那种长长细细的水袖……长街不是笔直的，稍有些弯，这弯，就弯得很有韵味，很美，很柔，是一位江南水乡面容姣好身材窈窕的女子，在水网密布的地方，街也是水淋淋湿润的感觉，街的一面是水，于是街也和水一样慢慢地向前流淌"。

传统文化在异质因素的冲击下，或逐渐消逝，或走向边缘化，一些敏锐而敏感的苏州作家嗅到了传统精神或异变或消亡的气息，开始在自己的文学园地构建精致古雅、闲逸诗情的老苏州旧式文人的生活天堂，诠释着江南水乡的"鱼米之书""茶饭之思"[2]。

[2] 陈奕：《苏州文化与当代苏州作家创作之关系研究》硕士学位论文，南京师范大学中国现当代文学专业，2010。

由于苏州在很长历史时期中都处于财富集散地、商业与制造业中心的位置，即使在开放度不高的古代，苏州也有机会在外国游人的眼中被凝视。

当外来者持着"他者"的身份来观察这片异域时，其文化背景和眼前的地貌与文化景观相互交织，彼此互动，外来者基于自身文化背景的观察无疑会对原本的苏州景观进行再次创造，或者说是想象，进而构成一幅在我们看来都略显陌生的异域景观。

从马可·波罗开始直至晚清民国时期，不少外来者的目光都曾凝视过这座东方古城，有些人甚至还曾踏足此处。

苏州水网密布，船只与桥梁成为苏州最为常见的景观，马可·波罗曾有过描写："此城有桥六千，皆用石建，桥甚高，其下可行船，甚至两船可以并行"，该句虽然明显有夸大之处，但也折射出了苏州城内的江南风貌。

早在同治七年（1868），后来成为德国著名地理学家的李希霍芬曾在一次从宁波到镇江的路途中经过苏州，与马可·波罗不同，李希霍芬只是站在船上凝视这座古老的城市：

> "离苏州最后的一段路程，河两岸都是平地了。河道也宽了不少，岸边的村落也渐渐多了起来，形成了苏州的郊外。像杭州一样，苏州城也有一条围绕城墙的护城河。我在城外停留了一会，然后往城墙靠近。我只看了一眼就明白了，这座以美丽著称的城市，如今也是破败不堪。虽然城外的房屋看起来零星的，但是比杭州城外的情况还好些。较宽的河道里挤着不少船只，有些看起来规模还挺大的。"

03

外来的凝视

1895年，西方记者威廉·R·卡勒在《我在中国的假期》中说出了马可·波罗曾用来感叹苏州地区的那句话："上有天堂，下有苏杭，这是（中国）唯一值得居住的两个世俗地方。毫无疑问，（天堂）就是苏杭这样的奢华之地"，英国人魏茶也曾经感慨："两座富饶、文学、时尚、奢华的城市，无可匹敌，用他们用滥了的谚语来说，叫作'上有天堂，下有苏杭'"。

伊丽莎白·基思是20世纪英国彩色版画大师，1887年出生于苏格兰阿伯丁郡，幼年随父母移居伦敦。1915年，她来到东京投奔妹妹一家，开始了长达十年的远东之旅，创作了大量反映当地风土人情的彩色版画。她对苏州的描画和记录是一窥"老苏州"样貌的难得资料。

在她的工作日志上，她这样记载：

"我们一行共四人，两辆游艇。在游艇上，我们体会到了在远东旅行时很少能感受到的通身舒畅……我们在平静的水面上滑行，周遭的中国景色如梦似幻，冲击着我的心灵。在苏州的第一天，我们决定花半天的时间选定主题画画，然后互相切磋。画完画再见面的时候，M女士已经画就了一幅红色的茶馆，X女士的运河画得也相当不错，我花了很大的精力画了一座桥。"

在晚清大量遗留下的外国人士对于苏州的描写中，最为常见的是将苏州比拟成西方的某个城市，好似这般当其他外国人读到他们的记录时就更能够领略到苏州的风采，在他们的描述中现实、想象和夸大交织在了一起。在诸多比拟中，最为常见的就是将苏州比拟成"东方的威尼斯"。

亨利·F·威廉姆斯在《大运河纪行》中谈到苏州："南北长四英里，宽近三英里。让人兴趣盎然的是环绕古城的城墙有13英里长，而且环绕古城13英里的护城河上分布着许多的石桥……苏州，作为江苏省的一个开放的港口，即使居住在于上海西北七十英里的太湖中的岛屿上，也可以通过溪流、运河和铁路与之相连"。

另一位名为弗兰克·G·卡彭特的外国人则说："苏州被称为全中国花园的湖区中心，需从上海乘火车两个小时。东面有近百个湖泊，西边是群山环抱，远处是太湖，是一条宽六十英里的运河"。美国人查尔斯·M·亨德利在《旅行的琐事》也对苏州河道有着更为生动的描写："河流在中国人生活中扮演着重要的角色，大大小小的河流贯穿整个城市，仅这一点，就足以让西方人着迷。"

苏州还常常被比拟成"东方的巴黎"和"东方的牛津"，美国人亨利·F·威廉姆斯曾经这样描绘苏州城："在沪宁铁路上，是一座以文人、美丽的花园（园林）著称的城市，城市建筑和各类艺术都有中国特色，人口50万。苏州，被称为'中国的巴黎'"，另一个美国人晏玛太则把苏州视作"中国的牛津"。

当不同文化背景与人生经历的人来观察异域时，很容易会被以往的经验所影响，此时与其说他们所描述的是苏州，倒不如说他们描述的是他们的过往与现实交织而出的一座新城市。无独有偶，苏州还有各种各样的称呼，例如"中国的阿姆斯特丹""中国的雅典"等等。就算这些外国人不在两个城市间做出比拟，也会选择一个参照物，使得读者能够领略到他们笔下的苏州模样，弗兰克·G·卡彭特就曾用"比布法罗还大"来形容苏州。

与纯粹西方的视角不同，来自东亚国家日本的凝视，又别有一番味道。日本大正文坛上，谷崎润一郎引领的"中国情趣"曾兴盛一时，代表作家除谷崎外，还有芥川龙之介、木下杢太郎、佐藤春夫、村松梢风等人。其中谷崎、芥川、村松三人分别于1918年、1921年、1923年访华并写下游记作品。

村松梢风笔下，古树、杨柳等都成为他赞美的对象：

"十点稍过，车到了苏州……运河在城中流淌。这就是我所熟识的安闲的苏州。墙院内耸立着落了黄叶的古树，岸上立着数株形态婀娜的杨柳。白色的粉墙静静地倒映在水面上，河上有民船在缓缓地移动……充满着诗情画意。"

和村松一样，谷崎也对苏州的景色留下了难以忘记的印象，不过谷崎似乎更喜欢苏州的运河、古塔、水桥。他在游记中写道：

"即使寒山寺本身并无多少情趣，其附近的运河景色——枫桥、铁岭关周围的风光，我也至今不能忘却。也许是我喜好水乡景色胜于山国，特别是钟爱市街中的河景的缘故吧。这一天的游览使我深深地喜欢上了苏州。

　　吴门三百九十桥真可谓名不虚传4。这些桥基本上都是石造的，从旁边看去，形成一个美丽的拱形，略微高过周围的房屋，仿佛在水面上悬挂了一条彩虹。我觉得这真是东洋的威尼斯。"

　　"东洋的威尼斯"这个说法从一位日本人的口中说出，不免有些奇怪，但显然这种赞美也是真诚的。

　　芥川也对苏州美丽的自然景观怀着相同的喜爱之情，对苏州的水更是情有独钟："苏州很有意思，好比威尼斯，最值得一看的是水。……水路的确很美，就好像日本的松江"[3]。

　　即便是同在东亚文化圈的日本人，在见到苏州湿地的景物后，也只能感叹"像日本的松江"，这种美似乎已经逼近了作家的表达极限。

[3] 邵宝：《"中国情趣"代表作家游记中的苏州形象》，《东北亚外语研究》2020 年第 8 期。

诗近歌，甚至可以说，诗歌本是一体。吴地有吴歌。吴歌在中国文学史上产生过深刻的影响，为古体诗歌开一代诗风，为戏曲音乐提供了创作源泉。

苏州是吴歌产生发展的中心地区。吴歌中也可以看见湿地文化的影子。吴歌是民间口头文学创作，以口头演唱方式表演的一种艺术形式。

吴歌的历史源远流长，起源于春秋时期。吴歌源于劳动，与稻作文化和舟楫文化密不可分，有莳秧歌、耥稻歌、牵砻歌、摇船歌等，说到底就是水乡劳动生活的伴奏，因水乡而具有鲜明的艺术特色。自古以来，通常用委婉清丽、温柔敦厚、含蓄缠绵、隐喻曲折来概括它的特点，区别于北方民歌的热烈奔放、率直坦荡、豪情粗犷、高亢雄壮。吴歌具有浓厚的水文化特点，和耸立的高山、辽阔的草原不同，它如涓涓流水一般，清新亮丽，一波三折，柔韧而含情脉脉，和吴侬软语有相同的格调，有其独特的民间艺术魅力。

吴歌用水乡生活的最纯正语言——吴方言演唱，保存了诸多具有特殊价值的水乡土语。吴歌的音乐独具特色，委婉清丽，曲调众多，广为传唱的《九连环》《孟姜女春调》等就源于吴地民歌，诸多曲调被吸收进苏州评弹、宣卷、昆曲、苏剧、越剧、锡剧，共同缔造了水乡色彩浓厚的艺术作品。

水乡生活的多姿多彩，使得吴歌丰富多元。吴歌与湿地息息相关，许多吴歌反映了农村繁忙的情景，是原生态的湿地文化真实写照，一些长歌描写了吴地河网密布、河道纵横的水生态景观和农村水网圩区的生动画面，有的反映了历史上发生的

04

吴歌

水旱灾害场景，也有借水生景生情、有感而发，或欢乐，或悲伤，无不反映着吴地生产生活与水息息相关的特点，历史证明湿地不仅是农业的命脉，也是经济社会发展的基础。比如有吴歌唱词中有：

"山歌勿唱忘记多，搜搜素素还有十万八千九淘萝，（吭嗨吭嗨）扛到吴江东门格座垂虹桥浪去唱，压坍仔桥墩，塞满东太湖。"

一些民歌体现了丰富的水文化景观，水稻、茭白、蒲叶、石芦、河港、河荡、桥梁等尽显其中。

亦有反映水旱灾害的，如"十年九勿收，三年呒两头，油瓶头，酱罐头，淌到田横头，大水没脱稻穗头，寡妇哭到坟跟头，男人出去跑码头"。

除吴歌外，渔民号子也是苏州传统音乐项目。

渔民号子既是劳动的号子，也是音乐的号子，具有鲜明的水乡特色。它在劳动过程中，独具协调性和合作性的功能。海上作业需要多人合力，劳动强度极大，很多操作需要大家协调一致，相互配合，渔民号子可以协调并统一劳动者的步调，收到事半功倍的效果。同时，它还具有娱乐性和艺术性特征，人们在艰巨的劳动工作中，通过歌唱、"吆喝"，获得一定的放松和愉悦。

吴地多烟丽，水墨皆篇章。"水墨吴门"是对苏州最为恰当的美学及艺术的界定。水是苏州的自然之魂，水和墨成就了文人雅士的书画艺术。在苏州沧浪亭的五百名贤祠中，擅长书画的名家就有一长串名字：晋代陆机、陆云"二陆"，唐代草圣张旭，宋代范仲淹、范成大等。15世纪下半叶的苏州，从元末战乱中逐渐恢复元气，社会稳定，商业发达，一派生机勃勃。城市在经济繁荣之后迎来了文化复兴，产生了以沈周、文徵明、唐寅、仇英为代表的一大批画家，中国艺术史上最大的画派之一吴门画派，由此而称名于世。

沈周（1427—1509），长洲人，出身于诗文书画之家，接受过元代隐逸淡泊、细腻从容的文人画教育，这与苏州淡然恬静的水环境似乎相近。

沈周创作的《京江送别图卷》，画面作平远式布局，近处坡岸众人揖别，中部浩渺江面上一舟辞行，

境界开阔。山水画是吴门画派的最重要成果和主要题材，立足于苏州的山水清佳及祖国大江南北的壮阔，加之文人雅士的审美心境，以及对历史绘画成果的吸收，最后形成了吴门画派。

文徵明（1470—1550），长洲人，其绘画将沈周的缜密细秀的笔法发展到炉火纯青的地步。

唐寅（1470—1523），吴县人，兼擅山水、花鸟、人物画。他的《江南农事图轴》描绘的情景与当今江南农村农忙时节的场景十分相似，纵然隔了500多年，依然亲切得像身边常见的场景：

四月的江南水乡格外动人，

05

湿地滋养的审美

一汪溪流曲折贯穿两岸，时窄时宽，偏窄的水面上架桥，稍宽广的水面上落舟，渔舟三三两两地散落，渔人有的在撒网捕鱼，有的在舟中小憩，有的在撑篙划水，水上一片繁忙景象。两岸农田和屋舍遍布，农田被规整划分，中间有溪流穿插而过，农人正在淤泥中弯腰插秧。屋舍前的码头拾级而上，想必是便于人们取水或作往来乘船之用。

"水"对于农渔业劳作者来说必不可少，对于文人画家构图选景来说亦是如此。图中之水从视觉效果角度看，引领延伸观者视线，使画面平而不板；从用途角度看，泊船捕鱼，灌溉农田，供养民生，无一不至。

仇英（约1489—1552），太仓人，与沈周、文徵明、唐寅合称为吴门四家，在明代崇尚水墨写意的情况下，仇英以"青绿山水"而闻名画坛。其《采莲图》描绘了苏州水岸边的一景。仇英对江南的山水很是熟悉，《采莲图》将这种生活方式呈现给后人，从图中之景可窥见苏州湿地水貌人情之一二。

更为著名的是清代徐扬的《姑苏繁华图》，透过旧时墨色，走进200多年前的繁华苏州，仿佛听见了古运河中阵阵橹声，山塘街上悠悠丝物竹，以及街市上的往来喧嚣。这幅可与《清明上河图》媲美的风土人情长卷，画有12000余人，近400只船，50多座桥，200多家店铺，2000多栋房屋……一寸一寸看过去，令人赞叹。

苏州湿地给吴门画派的滋养是强劲的。清代徐沁的《明画录》中，共收全国画家800人，其中，仅苏州市区的画家就占150余人。

菲利浦·鲍尔即《水，中国文化的地理密码》的作者如此看待绘画中的湿地或水的表现：

> "古代画家对河流与溪流倾注了大量的心血，他们说，要想画水，需要花上5天的时间。水几乎是一幅作品中必不可少的一部分。艺术史学家大卫·克拉克（David Clacke）说："无论是宋朝的还是清朝的，在所有的中国画中，云、瀑布与河流都随处可见。"有时，水可能是一幅作品中唯一的主题。宋代画家马远的十二幅《水图》便是以水为核心：其中的《黄河逆流》所描绘的只是一个巨浪，却更加令人惊心动魄[4]。

---

4 菲利普·鲍尔：《水：中国文化的地理密码》，张慧哲译，重庆出版社，2021。

中国的画家解释说，水并不是虚无缥缈的，这与老子认为水可以穿石的观点一致。"水生骨"，不仅如此，它还滋养着所有的生命：且细而流飞沫溅，巨而河润海润。涓与滴，何莫非天地之血与髓？

可以想见，水在文化中的作用就要比它现实所显现得更为丰富，甚至已经超出了艺术领域，进入到一种泛化的"人生审美"领域，甚至是一种人生哲学的层面。

最初与水和湿地相关的审美，很可能来自一些实用的要求。比如苏州的建筑园林风格，显然是来自实用需求。但这些审美在发展的过程中，逐步具有了自己的生命，不再臣服于实用的技术需要。

苏州建筑之"水性"十足。古城、古镇、古街、古民居，无不突出"水"，即便一方小小的园子，也要设置进水、出水。无论是水乡民居，还是市镇建筑，整体上体现出亲水、枕水的特色。市镇形成了"下店上宅""前店后宅""前店后坊"的集商业、居住、生产为一体的建筑形式，还有水墙门、水埠头、水廊棚、水阁、水榭楼台，甚至水巷穿宅而过，形成了人水和谐的居住环境[5]。

这种水乡特色，在很早的时候便已经出现。在河姆渡、马家浜和良渚文化的不同时期，都有一种特殊

[5] 徐杰舜：《雪球：汉民族的人类学分析》，上海人民出版社，1998。

的建筑方式——干栏式民居被考古发现所证实。这是一种在立柱上建居室的形式。这种建筑虽然没有被完整地保存下来,但其本质精神在华东的水乡民居中还是得到了体现,如对于临河的建筑,常常采用石柱、木柱半边悬空,以增加居室对水的利用等等。

这种特色,张荷在《吴越文化》中曾给予了较详细的描述:"江南地区号称水乡,水网密布,河道纵横,人们的生活离不开水,建筑造房也躲不开水,许多民居是临水而建。为了充分利用水的优势,建造者通常在临水的一面开一个后门,修上几块石板铺成的台阶(也称踏步)通向水面,这样就便于洗涤衣物、水、菜等等,同时也可以作为解码头,便于上下船,买米、买菜、买柴。因此,当地人称之为'河埠头'或'码头'"。

这些建筑,一街与一河平行,建筑物横路两岸,建筑物与河、街垂直布置等等。这些总体布局,体现了苏州水乡寸金地的建筑观念。

湿地,是吴文化的温床。《颜氏家训·音群篇》说:"南方水土和柔,其音清举而切诣"。元代曲家马致远的名作《天净沙·秋思》,用了类似电影"蒙太奇"的手法,在"枯藤老树昏鸦,古道西风瘦马"这类苍凉肃杀、充满北国秋意的画面之中,剪辑进了一幅意境截然不同的江南水村图——"小桥流水人家"。这一动人景观,正是从吴地水多风物中提炼、概括出来的典型画面。马致远之后,"小桥流水人家"更成为人们追求的境界,成为田园诗般的美的理想。

正是水乡泽国的阴柔孕育了苏州,就连苏州园林里必不可少的太湖石,也取之于太湖。范成大《吴郡志·土物》说,"太湖石出洞庭西山……石在水中,岁久为波涛所冲撞,皆成嵌空。石面鳞鳞作靥,名弹窝,亦水痕也。"这不也是湿地与水的孕育之功吗?

所有文化都倾向于将他们的自然物质世界融入他们对生活的隐喻之中，水当然是其中最为丰富多样而合适的媒介。

在经济生活中，古人常以水的趋向性来形容经济规律的客观必然性和不可抗拒性。如商鞅就说过："民之于利也，若水之于下也，四旁无择也。"而春秋时范蠡即有"财币欲其行如流水"的说法，用流水来形容加速商品货币流通的必要性与重要性。在政治生活中，古人常以流水来描绘一些趋之若鹜或值得引起高度重视和警觉的社会与政治现象，如荀子："民归之如流水"。

在日常生活中，古人以水相喻或与水相关的说法和成语更是不胜枚举。如荀子以"积水成渊""不积小流，无以成江海"来阐释和说明知识积累的道理；班固以"水滴石穿"来赞美坚持不懈的精神；老子以"上善若水，水善利万物而不争"来主张像遵循水的运行规律一样遵循社会经济发展规律。

"水做的女人"是时常使用的一种比喻和象征。水既可以是一种生命的象征，也是一种力量和激情的象征。

无论在传统文化还是东西方语境下，人们对于水与女性的关联认知都颇为一致。从诗经中女性于水边吟唱的诗句，到《洛神赋》里曹植心神所向的洛水女神，"女人如水"道出了女性与水从形态到内蕴的异质同构性。而江南地区的水文特点和气候类型也更容易给人带来清丽婉约的审美体验。

苏州湿地文化饱含孕育情感的语境。水是建立情感的纽带，也是情感表达的依托。无论是杜牧的"青

06

生活的隐喻

山隐隐水迢迢，秋尽江南草未凋。二十四桥明月夜，玉人何处教吹箫"，还是《白蛇传》中传颂的"断桥相会"的爱情佳话，自古以来关于江南水畔的情感故事，都使江南湿地文化具有一种饱含情感的意蕴。

江南湿地文化意象极具瞬间永恒的凝固感。这种凝固不是绝对静止，而是类似绘画中所讲的"顷间"再现，是时间在特定空间中的循环往复。湿地文化语境下，水成为时间的显化，一面如"流水落花春去也"奔流不息，另一面却又带来"惭愧新荷又发池"的周而复始，瞬间和永恒也因此得以凝固于江南水文化意象中。

与这种简单、柔和、凝固的审美意象相对的，是湿地水体的另一面。这种认知也深深植入苏州湿地文化的底层。

失控的洪水则有道德上的作用，被视为上天（上帝）对人类之恶的惩罚。导致洪水的是"恶"水，是狂暴的、野性的、混乱的。疏导它、安抚它，使它有序，水就能因控制而变"好"。历史学家陆威仪说："中国洪水的方方面面……都集中在对统治者的本质及其权威的正当性的思考上。"对无序和混乱的恐惧一直困扰着中国统治者。对大洪水的驯服代表了动荡时代对社会秩序的梦想。

在《水，中国文化的地理密码》一书中，作者将中国称为"水之王国"。这一称呼一方面来自于水决定了中国内务、国民和政治生活的模式与习俗，或者也可以说，水之所以具有这样的社会意义，原因与它在哲学中的基础意义相同：它的重要性无可否认。

李约瑟曾经说："随着时间流逝，中国的整个理论思想逐渐被某些控制水道的思想所渗透，这是中国文明的一个重要特征"。

中国人对水的情感一直极为复杂。可以说是着迷的，也可以说是敬畏的。

老子、孔子、庄子都曾在水畔思索，李白、杜甫、白居易、苏轼这样的千古才子曾经在水畔寻找灵感以寄愁思，画家们曾经在水变幻莫测的情绪中识别出大自然的箴言。从夫差勾践到朱元璋张士诚，无数枭雄豪杰在水畔展示他们的力量与权威。

有一点是可以肯定的，关于苏州这片土地的描述，不可能绕开湿地。在这片土地上生长、绽放的文化与艺术之花，也无一不流淌着湿地的基因血脉，显现着它的影响。因为湿地，苏州更美。

玖

繁华盛丽

湿地之城

君不见大鹏小鹪各有慕，

世人未必知其故。

功名富贵能几时，

久已掉头不复顾。

　　作此诗者，是明末清初的一位文人，名叫汪琬。这首诗是他隐退后有好友劝他复出，他给的回信。视功名富贵如无物，气派还是不小的。

　　汪琬诗作流传一般，更出名的是个段子：某日在京各地官僚聚在一起，互相夸耀家乡特产。轮到最后，一位苏州人慢悠悠说起苏州特产"绝少"——只有状元。众人初则一愣，随后皆"结舌而散"。

　　这位适合脱口秀的"凡尔赛"好手，自然便是汪琬了。可以想见，他当时说话的神态和幽默感，以及那种表面上谦逊骨子里骄傲的气质，也完全是苏州式的。

　　汪琬仕途算不上辉煌，却格外在意苏州的荣光。苏州人骄傲自有骄傲的底气。光一个清代，从顺治三年开科取士到光绪三十一年废除科举，260年间全国共出状元114名，苏州一府即有26名，差不多占四分之一。

　　科举仅仅是一个容易被看见的侧面，从唐宋至今，经济、社会、文化、艺术等多个方面，苏州都曾经堪称华夏翘楚之地。如果考虑到上海在某种程度上可以视为苏州为代表的江南城市文明的升级与更替，那么这种辉煌至今仍在高位。说苏州支撑、带动、引领了中国从中古到现代、从传统到未来的进程，毫不为过。

　　那么，为什么是苏州？

　　答案必定很多，其中一个非常根本也非常重要，那就是湿地因素。苏州从人类刚刚履足斯土之时就具有的湿地禀赋，在人类与自然长久的相处、共生历史中，帮助人类养成、塑造了种种制度、文化、哲学……与人类共同锻造了苏州的繁茂丰美、生机勃勃。

《庄子》中有这样一则寓言，宋国一个家族能制造一种防治皮肤冻伤的药，因此，这一族人世世代代都以在水中漂洗布絮为业。后来有个十分精明的商人探听到这一消息，出资百金，买下了他们的秘方。

商人拿着这个"专利"来到南方的吴国。他知道当时吴越两国正在大动干戈，吴军将士若使用了这种药，水战时便不会发生冻疮，可以大大增强战力，于是就将此秘方献给吴王。吴王得到这种药后，如获至宝，在严寒的冬天向越军发动进攻。越军溃不成军。

后来，吴王封给这个商人一大片土地，顿使一个小小的商贩富敌王侯。然而，原来发明这一秘方的宋人家族，却只能依旧给人家洗布为生。

这个寓言十分套路，甚至可能是人设一向过于本分的宋国人自我吹嘘抢夺专利权的段子，毕竟庄子就是宋国人。但这个寓言可能也是真实的故事，至少可以证明，在春秋战国之时，吴越之地的水战已经是多么普遍的一种战争形态，对普通人的影响已经多么深刻。

赵鼎新在《儒法国家：中国历史新论》中指出，东周转型时代，"水军作为一种兵种在许多国家相继建制，职业化的登上历史舞台，军队规模日益庞大，战船数量日益增多，战争方式愈趋复杂，战争持续时间也越来越长""吴国开始营建一些主要用于军事目的的大型水利工程。"

吴国和楚国作为宿敌，两国之间地势平缓，海拔变化不大，对这两国而言，水路运输成了它们远距离运送军队和物资更便捷的方式。因此，吴楚两国都是既能

01

水军

进行远距离陆战又拥有强大水上作战能力的国家。

赵鼎新认为，吴国后来的灭亡的原因，一方面是倾全国之力争霸，去黄池赴会，更为重要但鲜为史家提及的一点是吴国不利的地理位置。水军是吴国最重要的军事力量。吴楚之战中吴国凭借长江与淮河运送战争物资，但当时吴国周边并没有一条南北走向的河流，因此，吴国在北进的过程中，强大的水军没有用武之地。正是为此，吴国修建了两条运河，一条是贯通长江与淮河的邗沟，一条是淮河与黄河水系相沟通的菏水，这两条运河加起来有数百公里长，如此大规模的建设工程，大大消耗了国力，为越国灭吴创造了机会。

吴国水军从海上进攻齐国，也是有史书记载的、迄今所知的我国最早的海上用兵，有专家认为，这可被看作是中国海军的起源。

能够打造这样一支水军，吴国当然要有相匹配的经济、技术发展水平，并且要有相应的"软件"，包括指挥系统、协调能力，当然，在这个过程中，对"水"或"湿地"的改造、利用、开发能力，也在迅速提升。

以地缘而论，苏州在建城后的2000年里，走过了一个相当独特的发展道路。

亚欧大陆，原始人类自西向东而来，大陆早期文明也基本符合自中西部东渐模式。

但随着文明中心逐步向东向南转移，直至越过吴越之地更向南，吴地逐渐从边疆之地变成腹心之地。此过程中，几次大规模的北方人口南迁如一波波潮水，从根本上改造和奠定了苏州社会文化的底色与成分。

作为文明腹心的苏州或狭义的长三角同时也具有另一种边疆身份，只不过这个边疆是海疆。海疆的好处是大体上无须担心外族侵扰。如东北或燕赵这样的陆地边疆就始终具有这样的后顾之忧。苏州有中腹之美，而无边疆之危，相对而言，在大部分历史时期里可以收获和平红利。这样的地缘条件可谓得天独厚。到后来，外部冲击从海上而来，却不再是陆路外敌侵扰的重演，而是带来了现代化的观念、技术与制度，从而让苏州再次走在开放与发展的前沿——这是又一次前无古人后无来者的历史机遇。

另一方面，自然禀赋上，与其他大湖流域如鄱阳湖、洞庭湖等相比，太湖流域是一个自流区域，气候和水文等自然条件的确定性较大。另外，渔猎、养殖与农耕的复合型生产方式，对于自然灾害乃至社会动乱冲击的抵抗能力更强。在前工业化时代，能够在遇到较强自然灾害的时候，避免大规模的赤贫、饥荒，这本身就是极为难得的优势。《铁泪图》一书的作者就注意到，在

02

稻作文明

19世纪发生在山西的大型饥荒中[1]，异地的苏州商人和民众进行了大量的捐助。可以看到，这种优势已经不仅对本地民众的抗灾能力具有重要价值。

反过来也可以说，苏州相对而言更为稳定的农耕生产模式，避免了社会结构频繁遭到大规模破坏，同时小农生产者的运行生产成本也更低。如果以一个"人类生态系统"的视角来看待，在输入同样多的物质和能量的前提下，苏州这个人类生态系统的运转，或者其生产力——包括自然与人类的生产能力，显然比其他很多类型的人类生态系统更稳定，更可预期。

农耕社会相比游牧社会，一般来说，更有利于生产资料的积聚，也更容易强化社会阶层差序。用比较好理解的话表述，就是农业社会里更容易出现有钱人。这也意味着，农耕社会里容易通过世代财富积累，出现能够有效掌控大量资源的富户巨室，为资本主义经济萌芽创造条件。事实上以苏州为代表的长三角也是中国民族资本主义萌芽最早的区域。这也就很好解释，为什么在现代化的浪潮里，苏州等地可以实现近乎"无缝对接"的适应性接纳，因为无论是在社会形态特征、资本积累和人力上，这一地区都与其他地区的禀赋有着相当大的差异，这种差异，可以说主要来自湿地的恩泽。

水稻种植中对水稻土的长期改造，也可以看出湿地禀赋对苏州社会文化面貌的深刻广泛影响。

苏州湿地原生的土壤并不是适合水稻种植的水稻田土。要在这样的土壤基底上种好水稻，必须进行持久的改造。这是苏州湿地的先天条件所决定的。这也使得苏州地区的农耕生产，成为一种既需要农民进行持续资源投入（如施豆饼、农家肥）又需要持续人力投入的农业生产。如果拿另一种自然土壤条件更优越、无须类似的投入的区域比较，就可以明白这意味着什么。《中国边疆研究文库·东北边疆卷三·黑龙江述略》中曾提到，当时的黑龙江黑土地"土脉上腴，无粪土耕耨一切工费，壮健单夫治二三垧地，供八口家食，绰有余裕"[2]，

[1] 艾志瑞：《铁泪图：19世纪中国对于饥馑的文化反应》，曹曦译，江苏人民出版社，2011。

[2] 姜维公，刘元强：《中国边疆研究文库·东北边疆卷三·黑龙江述略》，黑龙江教育出版社，2015。

但作者同时又批评当地居民"性颛愚，不知计算，又习于游惰，稍近劳力之役，辄避不前"。虽然作者并未论证两者有因果关系，但无论是个体还是族群，都有落入类似"资源诅咒"的本能倾向。从正面理解，苏州湿地在历经千年的持续改造、优化过程中，勤谨、细致、精明是劳动者不可少的特质，并且

也会逐渐固化为日常习惯，或上升为一种值得褒奖的美德。

这样的生产习惯不可能不影响到普通人生活的其他方方面面。总的来说，所有这些特质中最核心的概括就是"精细"。"精细"的生产与生活气质，在困难时期有助于撑过困局，在和平与富足时期，则足以支持生产的爆发增长，以及产品加工的高品质——今天为苏州人津津乐道的苏式饮食，就显然浸润了这样的"精细"品质。

湿地禀赋给苏州人类社会带来的另一个巨大影响，来自人类与湿地最直接的攻守交锋，亦即水利建设。这一影响注定是极为深远的。

李约瑟曾说，"世界上可能没有其他民族保存着如此大量的传说材料，从中可以清晰地溯及遥远时代的工程问题"。而治水、理水、水利建设、抗洪……无论用什么样的词汇来定义，都贯穿了苏州湿地与人类相处的整个历史。治水对双方都是至为紧要甚至可以说是性命攸关的。最终人类凭借勤劳、勇气与智慧，从根本上改变了人类与湿地的关系，重塑了湿地的面貌，但这一过程本身也深深改变了人类社会。这一现象并非中国这片土地所独有，但在中国，由于水灾的频发，它更容易被关注到，并且引发了长久的讨论。

大禹抗洪有过著名的"治水文化"，并且与苏州湿地密切相关。在接下来的历朝历代理水事业中，"文化"和"工程"反作用于"组织"的情况自然也屡见不鲜。比如曾经因治水产生了社会中央政权地位很高的司空职任，以掌管"修堤梁，通沟浍，行水潦，安水臧，以时决塞，岁虽凶败水旱，使民有所耘艾"的水利工程建设（《荀子王制·序室》）。

在很早之前，学者就关注到了湿地或水的存在对人类社会形态的反向塑造。

围绕中国文明为何会形成独特的大一统体制，许多学者都曾注意到，中国早期的统一与独特的自然地理气候特征存在密切联系。马克思在《不列颠在印度的统治》一文中指出："在东方，由于文明程度太低，幅员太大，不能产生自愿

03

水利社会 "疑案"

的联合，因而需要中央集权的政府干预。所以亚洲的一切政府都不能不执行一种经济职能，即举办公共工程的职能。这种用人工办法提高土地肥沃程度的设施靠中央政府办理，中央政府如果忽略灌溉或排水，这种设施立刻就荒废"。

在这一问题上，卡尔·魏特夫在其著作《东方专制主义：对于极权主义的比较研究》中，提出了一个观点，他认为中国古代，中央集权的官僚制国家之所以可以长期存在，主要是因为当时的气候条件下，要进行农业生产，需要一个强国去组织建设和维护大型水利工程。在自然环境制造出的所有挑战中，正是不稳定的水环境所带来的任务，刺激人类发展出了社会控制这种水利办法。

持有与"治水派"相近观点的著名学者，还有历史学家汤因比、汉学家李约瑟、社会学家马克斯·韦伯、华裔学者黄仁宇等。

"治水派"的学说流传很广、影响较大，同时也受到很多批评，被认为过分夸大了水利灌溉工程的重要性。

例如，埃里克·史维泽多于2006年的研究指出，世界范围内的历史经验表明，水的稀缺与集权政治之间并没有必然联系。弗朗西斯·福山指出，灌溉是区域性和小型事务，战争才是导致国家起源的主因。

赵鼎新认为，在大部分历史时期里，古代中国都没有大型水利工程的记载。小型水利工程的也是在春秋争霸之后才出现的。而且，与魏特夫的主张相反，最早建设大型水利工程的初衷大多与战争相关。到后面的全民战争阶段，大型的农业水利工程才开始真正出现。因为有限的交通运输能力是限制人类古代行军作战的一项主要制约因素。对于前现代的军队，只要有可能，具备水路运输条件，他们便会利用水路运输兵力与物资。战争才是修建很多运河或大型水利工程的主要动力。

总的来说，魏特夫的观点如今经常被历史学家否定，认为它既没有体现中国历史上水资源管理的复杂性，也没有体现这个国家的目标、能力和动机。大规模的国家项目的实施并非中国和亚洲其他地区成功管理水资源的唯一途径。小规模灌溉的方案从很早之前就已经开始实行。而在江南苏州一带，太湖流域，就有很多这类成功的案例。

但毋庸置疑，水的管理、控制和获取模式确实一直在塑造着苏州的社会形态，甚至整个中国的共同体气质中也留下了这种影响的印记。

这一气质当然不是魏特夫所谓"治水导致东方专制主义"这样武断的结论可以概括。但也要看到湿地环境的存在，包括长期的治水实践，确确实实多方面地影响了社会形态。比如，大规模、全流域的理水，对于整个社会系统协调能力的要求很高，资金、人力的配置、动员机制都是极为复杂的。历史上，哪怕是最具有权威动员能力的政权，在这一问题上也会非常谨慎，尽可能周全地平衡各方面的利益。在相关治理机构的设置上，我们今天回头看，经常诧异于很多朝代相关机构的叠床架屋，似乎有很多不必要的机构设置，但在实际中，很多机构设置又确实不得不然。类似的复杂性影响可以抵达今日。

湿地生态对人类社会的影响还体现在其容纳度上，比如历史上长期存在的连家渔民或船户。很多研究者指出，主要由于利益冲突，农耕社会中存在对水上渔民的歧视，却很少有人注意到即便是存在一定歧视，苏州湿地涵养出的生产模式，也具有更强的兼容性，能在困难时期让很多底层失地民众保持最基本的存活可能，避免了出现大量处于极度困境的流民。在其他省区，比如传统"黄泛区"或华北平原，由于自然灾害或战乱出现大量流民是相当常见的，这也加剧了社会的不稳定因素。

1687年，法国耶稣会士李明（Louise Comte）奉路易十四之命来到中国，这里的诸多水道令他印象极为深刻。他写道："虽然中国自身并不像我描写的这样富饶，但是仅凭纵横其上的那些运河，便足以使富饶变得可能。除了在灌溉和贸易上面的巨大作用之外，这些运河还为这个国家增添了许多魅力。水流清澈而深邃，轻柔地向前滑行，基本察觉不到它的动作……我实在太佩服中国人的勇敢和勤劳了，他们开凿了宏伟的人工河流和某种内海，创造了世界上最肥沃的平原。"

大运河——尤其是江南运河，

对苏州经济社会的发展，可谓至关重要。

从历史上看，可以说江南运河和苏州城镇港埠的兴起和发展基本上呈同步态势。江南运河的开凿最初可追溯至春秋时期，由此表明在春秋吴国时已有水道通广陵（今江苏扬州）。

大运河苏州段是大运河沿线水源最丰沛、最稳定的区域之一。而就江南运河而言，大运河苏州段地处太湖流域，河湖密布，水系发达，呈浅碟形，面积2400多平方公里的太湖，在多数时候均能满足稳定而充足的水源补给，周边大小河泊、湖荡也均能起到局部范围内较为灵活的水量调节作用。

大运河苏州段也是大运河沿线关联水系最发达、最密集的区域之一。江南运河与长江、江南自然水网所共同形成的资源优势，是江南社会经济繁盛的源头活水。

江南运河北起江苏镇江，绕太湖东岸经常州、无

04

大运河福泽

锡、苏州，南至浙江杭州，贯穿长江、太湖和钱塘江三大河湖水系，同时，又通过吴淞江、太浦河连接上海。从经济学角度讲，所有运输当中，水运是最便捷且便宜的。

自春秋战国以来，江南运河与天然的江河湖海构建了一个庞大的水网，形成了四通八达的水运交通网络，奠定了水乡泽国的自然与人文生态。隋朝开始开挖疏浚的江南运河，被纳入全国统一的漕运体系，是众多江南地区运河中最主要的漕运水道。

苏州及江南一带，除了太湖这一水系根基外，北部长江，东部大海，区域内部又有大量湖荡、河港相连，这些天然与人工开凿的水系交错，让江南区域具备其他地区难以匹敌的水运交通优势。长江干流及其中上游的诸多支流，也是中国版图上覆盖面积最广、运输条件最好的水运系统。

太湖浩瀚似海，又居高临下，在无动力运输的时代，人力并不能很好地驾驭如此辽阔的水面，因而江南运河始终与太湖保持着距离。运河在太湖的东岸和北岸绕了一个大弯，这个大弯的拐点正是在苏州城西门和南门外。太湖水通过胥江等水道与运河相汇，运河再分流经阊门、胥门流进苏州城。通过苏州城内三横四直的水道网络，汇聚至吴淞江、娄江等主要泄水通道排入大海。经由四通八达的水路网，苏州将内城与运河、大江、大海整个连接起来，兼具了内河航运与海上交通的便利。

苏州并没有主动选择运河，正相反，可以说是运河选择了苏州。

为了保证水流的稳定和流畅，运河的不同段落落差不能太大，用现代科学的术语来说，就是尽可能沿等高线而行。这意味着，江南运河经过太湖东岸的时候，不宜直接穿过碟形洼地的底部，而是只能在洼地中心和太湖湖岸高达数米的落差之间小心翼翼地择取一个高度合理的狭窄地带通过。率先落座的苏州城已经扼守在了这个狭窄地带的咽喉部位，运河无可选择，只能拥抱苏州。

在长三角地区，江南运河与长江一起，一横一纵拉开了整个江南地区最重要的水系骨架，它与长江共同成为江南水运交通网络的两条主干线，同时，又与江南自然水网一起共同构成了影响江南社会经济文化繁盛的源头活水。

黄金水道的运河水系、水乡古镇的风貌水系、三横四直的城内水系以及逐水而建的园林水系，各类水系结构交相辉映，融汇合璧，形成了一组世界上罕见的东方水城风貌图。而依靠这样的水网系统，苏州成为历史上南来北往人员、物流的重要集散地和中枢地。借助大运河，漕运和海运在苏州形成了彼此呼应的联动效应，为南北物资平衡与往来、塑形全国统一性的社会与市场奠定了坚实的经济基础。

大运河尤其是江南运河的畅达，也为江南文化的发展孕育了丰沃土壤。明清时期的人，凡有一定文化和社会地位的人，可以说没有不经过运河的，运河"是联结中国南北、贯通中国与世界，集中展现明清政治、经济、文化和外交历程的人类宝贵遗产"。

江南运河的流通，为江南文化的输出与交融畅通了渠道，是江南文化传播不竭的动力源泉。大运河全线贯通后，不但成为南方漕粮北上的输送线，而且成为南北之间商品往来、人文交流的最大通道。

不只是唐宋时期，在明清时期，江南经济与文化获得更高层次的发展，大运河的交通枢纽意义也变得更加重要。

以昆曲为例，嘉靖年间昆曲兴起后，到明末"今京师所尚戏曲，一以昆腔为贵"，一时间竟出现了"多少北京人，乱学姑苏语"的盛况。明末徐树丕说："四方歌曲，必宗吴门，不惜千里重资致之，以教其伶伎。然终不及吴人远甚"。

除此以外，苏样、苏意、苏酒、吴馔、苏作等也通过运河传播至全国各地。不仅如此，这些江南的物件以及引领的潮流甚至于一度因其魅力而流传至日本、朝鲜和西欧各国。

可以说，运河文明史就是运河城市发展史。沿运河水路网络在广阔空间上扩展开去的城市与乡村，在社会结构、生活习俗、道德信仰及人的气质与性格上，无不打上了深深的运河烙印，是运河文明基因的再现与物化。苏州正是在大运河开通以后，才成为江南运河线上的中心城市。

在今天，回过头来也可以看到，以运河为媒介与通道，江南文化影响北方、中原文化，特别是京畿与江南遥相呼应形成两大文化磁场强辐射效应，朝廷的导向作用力与江南文化的影响力汇成合力，并助推苏州文化在历史时期达到巅峰。

与人工开凿的大运河关系如此密切，使运河城市与其他中国城市在发生上有很大的区别。如西方城市社会学家认为城市起源于防卫的需要。汉语中"城"的本义是城垣。与之相对，大运河的主要功能则可以称之为"市"。它的功能是"买卖所之也"（《说文解字》）。是"致天下之民，聚天下之货"（《易·系辞下》）。与"城"因防卫而倾向于封闭不同，"市"的功能在于推动内部循环与外部交流，客观上有助于使中国社会成为一个内在联系更加密切、对外交流更加通畅的有机体[3]。

"市"的功能催生了苏州的工商业基因。作为当时江南的航运中心，只要一条船，苏州就可以低成本地将数量巨大的丝棉制品和其他货物运输出去。对工坊商号来说，高效而畅通的货物运输，意味着产品可以卖到更远的地方、卖给更多的消费者；对农民来说，运力增大，就能为工商市镇提供更多丝绵原料，可以获得比粮食作物更大的收益。

[3] 刘士林：《六千里运河　二十一座城》，上海交通大学出版社，2022。

05

工商业基因

玖 ● 繁华盛丽

水网与运河相通。往来的人流、货流就像血液里的营养物质，从毛细血管汇流到主动脉，再反过来，流遍整片土地的肌理。通过江南密集繁复的水网，水运的低成本优势，扩散到区域内的每一亩土地、每一个村镇。在这个过程中，位于水路交通节点的一些米粮集市也顺势发展成了繁荣的市镇。

京杭大运河将整个中国经济最发达的地方和绝大部分的人口，尽皆纳入了一个依靠廉价高效的运输而构建起的经济体系内。产品与劳动力的聚集，意味着更多的财富。货币财富的特征在于存储性很低，只有尽快地流通起来才能实现其使用价值。因此，苏州这样的财富"集散地"会同时具备强劲的消费需求和强大的消费能力，供销两旺。

历数明清时期的各大经济地理中心，毫无疑问，作为全国性生产与商品贸易的中枢，唯有江南算得上这样的"集散地"。作为江南的中心，苏州自然也担得起整个中国的财富集散地。

今天人们提起苏州，想到的是小桥流水人家的景致及遍布古城的美丽园林。而明清时代，苏州最大的吸引力并不在风光。

清人刘大观曾将苏州、杭州、扬州三座名城的迷人之处做了比较，结论是"杭州以湖山胜，苏州以市肆

胜,扬州以园亭胜"。

经过唐宋时期的快速发展,至明清,江南地区已成全国财富聚集地。而在整个江南城镇体系中,苏州作为全国货物集散、输运和信息交流中心,地位远甚于其他任何一座城市。

明清时期的苏州,因为运河、长江,以及区域内密布的水网,具有极为便利的航运交通区位优势。而与此同时,苏州也有独居鳌头的商品生产能力,拥有深厚广阔的江南商品生产腹地,不但因其自身经济发展,需要将绸布、书籍、家具木器、工艺品等成品不断销往全国乃至国外,同时还需要从全国各地输入大量的棉花、粮食、木材、纸张、染料等生产原材料和食糖、杂粮等副食品,充当着中转输送全国尤其是南北物资的重要角色。苏州也是当时全国最为著名的工商业城市之一。

苏州的物资转输功能最主要的体现是输出当地大宗商品,输入各种原材料。

苏州的湿地禀赋,奠定了"鱼米之乡"的名头,本是全国粮食生产的基地,以产粮为主,担负全国粮食供应的重任,自隋唐以来就是重赋区。而到了明清时期,江南则演变为缺粮区,粮食还需从长江中游湖广地区大量运销过来,以缓解赋税和口粮的不足。

这很大一方面是因为,江南商品生产发达,人多地少,产量有限,而工业用粮消耗巨大,因此从明代后期起,米粮不敷食用。在原来运河流通南布北棉格局不变的情形下,运河流通又增加了北方豆粮梨枣的南下,出现了江南绸布船和北方杂粮船的对流航运。而长江流通则在两淮食盐上溯之外,又增加了上中游与下游之间米粮与绸布的对流。

也因为这个变化,历史上的"苏湖熟,天下足",转为"湖广熟,天下足"。表面上看,这好像是苏州为代表的江南农业衰败,粮食产量下降,实则在今天看来,是江南人充分利用价值规律进行产业结构的自行调节。特别是"一条鞭法"的实施，老百姓可以用货币纳粮来充繁重的粮食供赋的负担，将有限的土地充分利用起来，用以种植经济作物，充分开发和利用土地资源以发挥地力最大的经济效应，这不能不说是江南人的创造和智慧，不死守以粮为本以农为本的旧观念，粮桑棉并重，农工并重，发展桑棉丝织业，形成农工一体化的经济，取得更大的经济效益。

明朝统治时期，全国每年征收的粮食大约2600万石，其中，苏州府独自上缴250多万石，上缴的数量几乎是杭州府的10倍，上缴的总量超过了山西、陕西等省份的合计。从另一个角度证明了苏州的人口稠密，由于人口过多，到了清朝统治时期，清朝把苏州府分成了吴县、长洲县与元和县。三个县的知县都在府城办公，府县同城并不奇怪，但三县同城绝对是历史上绝无仅有。由于一系列的优势，历史文献中形容苏州"东南财富，姑苏最重；东南水利，姑苏最要；东南人士，姑苏最盛。"

除了苏州这样的中心城市之外，还有府、州、县城，它们作为二级市场的载体亦是星罗棋布于江南大地，在城市的四周还密布着数以百计的大小市镇，形成了繁密的市场网络，担负着商品流通的功能。此外，还有一大批市集、村市环绕在市镇的周围。一圈圈一层层的大小商品市场，缔造了畅达、茂繁的江南市场网络。这种市场网络对推进社会经济的发展起了很大作用，是江南经济发展的原动力之一。

由此，苏州成为"东南都会，商贾辐辏，百货骈闻，上自帝京，远连交广，以及海外诸洋，梯航毕至之地"。王世贞称之"今天下之称繁雄郡者，毋若吾郡，而其称繁雄邑者，亦莫若吴邑""擅江湖之利，兼海陆之饶，繁华盛丽之名甲天下"。

苏州能成为重要的商品集散中心，大运河因素固然最为重要，但苏州自身商品生产的品质、种类，也是重要原因之一。可以说，正是苏州具有这样精细制造的能力，才能稳稳地将自然禀赋与宏大工程所提供的机会抓在手中。

在那时的中国，苏州的商品生产能力有多强呢？

苏州为丝绸之府[4]。自明代中期起，全国商品生产形成专业分工区域，产地与销地进一步脱节，民生衣着最为重要的棉布和丝绸两大生产基地，均集中在江南一隅。苏州、杭州和南京成为丝织生产最为发达的三大城市。丝织业成为明代苏州最为重要的手工行业，"苏杭之币"即丝绸是明代苏州最负盛名的特产商品，明代后期已形成了较为先进的"机户出资，机工出力"的生产关系。乾隆时徐扬的一轴《盛世滋生图》，绘有丝绸店铺牌号十三四家，标出丝绸品种20余个。

苏州又是棉布加工基地。明清时期江南作为最大的棉

4 苗金民、罗晓翔：《清苏州经济中心地位略论》，《史学集刊》2020 年第 3 期。

06

精细制造

布生产基地，苏州府城连同附郭三县其实并不出产棉布。明代，布匹踹染行业还分散在苏州府城、松江府城、枫泾、朱泾和朱家角等棉布生产大镇，清代康熙年间起，却转移集中到苏州城西阊门外上下塘。

苏州还是最负盛名的书籍刻印中心。明清时期，全国刻印书籍最为有名的是江南、北京和福建。三地之中，江南的苏州、南京、杭州、湖州以及无锡、常熟等地，地域广，刻书多，质量最佳。自明至清，时人一致认为，江南刻书先进发达，而实际也以苏州为中心，苏州所刻数量最多，质量最优，装帧最为精良讲究。

苏州木器制造加工业独步全国。自明代起，苏州器具制作之精巧，绝对天下第一。时人一致认为，苏州的小木器及家具制造最为发达，式样最为古朴雅致。后来流行到全国的明式家具，实际上就是苏式家具。当时江南其他地方，原来很少用细木家具，但因受苏州影响，家具应用开始转向精细，用料更为讲究。

苏州也是玉器雕琢基地。苏州的玉器雕琢历史悠久，到明后期大兴，大师辈出。周治、陆子冈等琢玉大师就诞生于嘉靖年间的苏州。明末宋应星认为："良玉虽集京师，工巧则推苏郡"。入清以后，苏州的玉器雕琢更加发达，规模大，水准高，高手多。苏州成为清前期全国首屈一指的琢玉中心，玉器制造业超过了人们最为推崇的宋代。

除上述大宗商品生产和工艺品生产之外，明清时期的苏州，即如绣作、裱褙作、漆作、乐器、铜铁金银器加工业，以至眼镜、钟表制作等，"无不极其精巧"，"苏之巧甲于天下"。

总之，明清时代，苏州艺事之精，不但独步江南，并且领先全国，同时其风未艾，能工巧匠传承不绝。康熙《苏州府志》自诩："吴人多巧，书画琴棋之类曰'艺'，医卜星相之类曰'术'，梓匠轮舆之类曰'技'，三者不同，其巧一也。技至此乎，进乎道矣"。乾隆《元和县志》也标榜："吴中男子多工艺事，各有专家，虽寻常器物，出其手制，精工必倍于他所。女子善操作，织纴刺绣，工巧百出，他处效之者莫能及也"。道光《苏州府志》记载："百工技艺之巧，亦他处所不及"。苏州工艺百业，鬼斧神工，出神入化，充满艺术韵味，迥非他地能够比肩。

在当今全国所有的地级市中，论经济总量，苏州市是当之无愧的第一。从经济来说，苏州超过了很多省会城市。一部分人认为苏州的繁华依靠自身良好的地理位置，因为苏州与上海相连。其实，早在明清时期，苏州府已经成为全国数一数二的大都市。那么，在明清统治时期，苏州府到底有多繁华呢?

明朝文臣王世贞，对苏州的评价非常高，称苏州为"天下第一繁雄郡邑"，并且和全国主要其他城市进行对比，得出了"繁而不华汉川口，华而不繁广陵阜，人间都会最繁华，除是京师吴下有"的结论。这种结论并不仅仅出现在国内的文献资料，在西方人的文献中，均记录苏州地区是中原王朝最繁华的地区之一，甚至可以没有之一。

在明清时期，国家的赋税基本上依靠东南地区，而东南地区又以苏州府和松江府为主。苏州府每年上缴的赋税，几乎占全国的10%。在明朝统治时期，苏州府的人口数量达到了将近600多万。即使按照现在的人口标准，苏州府也属于人口稠密区，目前，青海省的总人口也只有600多万。

江南赋税自唐后期起即具有极为突出的地位，当时已有"漕吴而食"的说法。明清王朝，任土作贡，视地利征收赋税。苏州以1%稍多一点的土地，提供了将近10%的税粮。苏州是全国平均水平的8倍。说苏州赋税甲天下，毫不为过。

苏州等江南府县，不但交纳的赋税多，而且负担重，每年需要输送大量的漕粮和白银。苏州一府每年交纳漕粮占全国漕粮总数的

07

人间都会最繁华

17.4%。

在长期的经济生活和社会实践中，江南人已意识到如何根据自然地理环境分工，充分开发和利用资源，以发展最具经济效益的产业，同时也逐步发展出独具特色且竞争力十足的商业能力。

域内土生土长的洞庭商人就诞生于江南太湖中的东西洞庭二山岛，在明代已与徽商并驾齐驱驰骋于国内外市场上，时已有"钻天洞庭遍地徽"之谚。归有光说"往往天下所至，多有洞庭人"。他们"行贾遍郡国，滇南西蜀，靡远不到"。洞庭东山"居民稠密，商贾为业，重利而轻生"。

当时江湖上有个口号，叫作"钻天洞庭"。洞庭商人在苏州市场上大显身手，"枫桥米艘，日以百数，皆洞庭人也"。粮食是关系国计民生的大行业，洞庭商人在长江中游湖广地区将米粮顺江而下运至江南贩销，而上水常常装载着江南的丝绸棉布，上下水决不空手，双程长途贩销可赚大钱，"业于商者楚地为多，故下水之货以米为常物，山中商民唯向生意稳当者为之。上水则缎布帛，下水唯米而已"。到了近代，他们看中上海这一通商口岸，投资于金融业，严、万、席、王、叶诸姓大商人从洋行买办、钱庄到银行业，在上海金融界占有一席之地。他们足迹遍及全国，顾炎武曰"商游江南北，以追齐鲁燕豫，随处设肆，博锚株于四方"。

明清时，苏州已是江南乃至全国最发达的城市，其辐射力十分强大，带动了江南社会经济巨轮的运转。郑若曾说"苏州乃南都之被褥也，人文财赋甲于天下"。值得注意的是郑若曾已充分意识到"人文"的重要意义。

英国文化学家泰勒在《原始文化》一书中提出了"狭义文化"的早期经典学说，即文化是包括知识、信仰、艺术、道德、法律、习俗和任何人作为一名社会成员而获得的能力和习惯在内的复杂整体。苏州文化作为中国优秀传统文化中的一部分，其文化门类繁多，文化内涵深远，文化质量高超，在某种程度上，它已经超越了文化本身而存在于所有向往精致、典雅、宜居、诗性生活的国人的心里。

湿地赋予苏州禀赋、灵气与生命，人类赋予苏州富饶、精致与光荣。回望苏州这座城市的历史，不能绕开湿地与这座城市无比亲近密切的关系，更不能不被人类与湿地数千年的"对舞"所打动。

参考文献

期刊论文

汪渊之. 苍茫千里水, 盎然多诗意——略谈诗中的苏州"运河十景"[J]. 大众文艺, 2022(7): 22-24. DOI: 10.3969/j.issn.1007-5828.2022.07.021.

王小龙. 水流含韵: 吴地音乐的水文化特征探析[J]. 贵州大学学报（艺术版）, 2022, 36(1): 90-99. DOI: 10.15958/j.cnki.gdxbysb.2022.01.013.

胡火金, 孟明娟, 李兵兵. 明清时期太湖流域水灾危害及灾害链——以江苏苏州为中心的考察[J]. 农业考古, 2021(4): 113-119.

祁红伟. 北宋单锷的治水思想及评价[J]. 农业考古, 2021(6): 154-160.

邵宝. "中国情趣"代表作家游记中的苏州形象[J]. 东北亚外语研究, 2020, 8(2): 38-43, 59.

王建革. 太湖流域的治水传统与水生态文明的承传[J]. 云南大学学报（社会科学版）, 2020, 19(3): 40-49. DOI: 10.3969/j.issn.1671-7511.2020.03.005.

王亚华. 从治水看治国: 理解中国之治的制度密码[J]. 人民论坛·学术前沿, 2020(21): 82-96. DOI: 10.16619/j.cnki.rmltxsqy.2020.21.007.

王建革. 江南治水传统与现代水环境的恢复对策[J]. 复旦学报（社会科学版）, 2020, 62(6): 48-57, 68. DOI: 10.3969/j.issn.0257-0289.2020.06.007.

张卓然, 唐晓岚. 环太湖地区历史村落的环境适应性及特征[J]. 南京林业大学学报（自然科学版）, 2020, 44(5): 17-24. DOI: 10.3969/j.issn.1000-2006.201905027.

徐静. 姑苏诗太守吟咏水天堂[J]. 名作欣赏, 2018(17): 5-7.

曹娅丽, 邸平伟. 水文化遗产与民间信仰[J]. 民族艺术研究, 2018, 31(4): 115-122. DOI: 10.14003/j.cnki.mzysyj.2018.04.16.

黄秀丽. 从古典诗词看水文化的文学情怀[J]. 长江工程职业技术学院学报, 2017, 34(1): 1-3. DOI: 10.14079/j.cnki.cn42-1745/tv.2017.01.001.

肖冬华. 传统水文化的生态哲学意涵刍议[J]. 河西学院学报, 2017, 33(3): 113-117. DOI: 10.13874/j.cnki.62-1171/g4.2017.03.017.

冯贤亮. 清代太湖乡村的渔业与水域治理[J]. 中国高校社会科学, 2017(3): 121-

132. DOI: 10.3969/j.issn.2095-5804.2017.03.012.

徐静.姑苏水巷诗韵——杜荀鹤《送人游吴》品读[J].名作欣赏,2016(5):139-140.

赵东升.环太湖古文化演进与水域变迁关系初论[J].南方文物,2016(3):201-207. DOI: 10.3969/j.issn.1004-6275.2016.03.027.

陈兴茹.人水和谐的中国古代水城[J].中国三峡(科技版),2013(2):12-18.

谢湜.十一世纪太湖地区的水利与水学[J].清华大学学报(哲学社会科学版),2011,26(3):98-105.

史威,徐孝彬,周其楼.太湖地区早全新世罕见人类活动的古地理分析[J].江苏教育学院学报(自然科学版),2011(2):41-44,92.

谢湜.太湖以东的水利、水学与社会(12-14世纪)[J].中国历史地理论丛,2011,26(1):17-31.

刘恒武.地理空间的闭合与区域社会的统合——以环太湖地区史前社会演进过程中的地理要因分析为中心[J].考古与文物,2010(3):32-37,86. DOI: 10.3969/j.issn.1000-7830.2010.03.004.

谢湜.11世纪太湖地区农田水利格局的形成[J].中山大学学报(社会科学版),2010,50(5):94-106. DOI: 10.3969/j.issn.1000-9639.2010.05.013.

陈奕.苏州文化与当代苏州作家创作之关系研究[D].江苏:南京师范大学,2010. DOI: 10.7666/d.y1726848.

钱克金,张海防.宋代太湖地区农业水利的治理及其社会环境因素的制约[J].中国经济史研究,2009(1):44-52.

张修桂.太湖演变的历史过程[J].中国历史地理论丛,2009,24(1):5-12.

钱克金.宋代苏南地区人地矛盾及其引发的农业生态环境问题[J].中国农史,2008,27(4):117-127.

孙景超.苏州状元谶背后的环境变迁[J].史学月刊,2008(11):34-40.

陈声波.八角星纹与东海岸文化传统[J].南京艺术学院学报(美术与设计版),2008(6):56-59. DOI: 10.3969/j.issn.1008-9675.2008.06.011.

蒋小欣,顾明.古代太湖流域治水思想的探讨[J].水资源保护,2005,21(2):65-68. DOI: 10.3969/j.issn.1004-6933.2005.02.019.

陈学文.从时空嬗演看历史上长江三角洲的互动关系[J].史林,2005(1):21-29. DOI: 10.3969/j.issn.1007-1873.2005.01.003.

王健.略论吴地的古人类活动和原始居民[J].学海,2005(6):58-62. DOI: 10.3969/j.issn.1001-9790.2005.06.012.

参考文献

申洪源, 朱诚, 贾玉连. 太湖流域地貌与环境变迁对新石器文化传承的影响[J]. 地理科学, 2004, 24(5): 580-585. DOI: 10.3969/j. issn. 1000-0690. 2004.05.011.

张生, 朱诚, 张强, 等. 太湖地区新石器时代以来文化断层的成因探讨[J]. 南京大学学报（自然科学版）, 2002, 38(1): 64-73. DOI: 10.3321/j. issn: 0469-5097. 2002.01.011.

吴奈夫. 范仲淹治苏政绩考[J]. 苏州大学学报（哲学社会科学版）, 2002(1): 100-104. DOI: 10.3969/j. issn. 1001-4403.2002.01.024.

松浦章. 清代江南内河的水运[J]. 清史研究, 2001(1): 35-41. DOI: 10.3969/j. issn. 1002-8587.2001.01.004.

谢红彬, 虞孝感, 张运林. 太湖流域水环境演变与人类活动耦合关系[J]. 长江流域资源与环境, 2001, 10(5): 393-400. DOI: 10.3969/j. issn. 1004-8227. 2001.05. 002.

杜建国. 苏州东南部全新世沉积特征及海侵[J]. 江苏地质, 1997(1): 41-47.

陈学文. 明清时期江南的商品流通与水运业的发展——从日用类书中商业书有关记载来研究明清江南的商品经济[J]. 浙江学刊, 1995(1): 31-37. 、

胡火金, 孟明娟, 李兵兵. 明清时期太湖流域水灾危害及灾害链——以江苏苏州为中心的考察[J]. 农业考古, 2021(4): 113-119.

佘之祥. 太湖流域的特大洪涝灾害与区域治理的思考[J]. 中国科学院院刊, 1992(2): 124-132.

黄锡之. 太湖地区圩田、潮田的历史考察[J]. 苏州大学学报（哲学社会科学版）, 1992(2): 102-106.

汪家伦. 古代太湖地区的洪涝特征及治理方略的探讨[J]. 农业考古, 1985(1): 146-159.

叶静渊. 我国水生蔬菜栽培史略[J]. 古今农业, 1992(1): 13-22.

景存义. 太湖平原中石器, 新石器时代人类文化的发展与环境[J]. 南京师范大学学报(自然科学版), 1989, 12(3): 81-87.

陈淳. 太湖地区远古文化探源[J]. 上海大学学报（社会科学版）, 1987(3): 4. DOI: CNKI: SUN: SHDS. 0. 1987-03-023.

潘凤英, 石尚群, 邱淑彰, 等. 全新世以来苏南地区的古地理演变[J]. 地理研究, 1984(3): 12. DOI: 10.11821/yj1984030006.

著作

李伯重.多视角看江南经济史(1250—1850)[M].北京:商务出版社,2022.

W.J.米施.湿地[M].吕铭志,译.北京:科学出版社,2022.

宋金波,雷刚.江城武汉——千年的湿地文明[M].武汉:武汉出版社,2022.

贺喜,科大卫.山水:水上人的历史人类学研究[M].中西书局,2021.

南京大学常熟生态研究院,野禽与湿地基金会咨询公司.城市发展与湿地保护最佳实践[M].上海:上海科学技术文献出版社,2021.

尼克·莱恩(Nick Lane),复杂生命的起源[M].贵阳:贵州大学出版社,2020.

江苏省生态环保厅,等.太湖治理十年纪[M].南京:江苏人民出版社,2019.

王卫平.江苏地方文化史·苏州卷[M].南京:江苏人民出版社,2019.

程得中,邓泄瑶,胡先学.中国传统水文化概论[M].郑州:黄河水利出版社,2019.

华永根.苏州吃[M].苏州:古吴轩出版社,2019.

水文化丛书编委会.水与建筑[M].南京:河海大学出版社,2018.

水文化丛书编委会.水与书画[M].南京:河海大学出版社,2018.

水文化丛书编委会.水利瑰宝[M].南京:河海大学出版社,2018.

苏州太湖历史文化研究会,苏州茶文化研究会.太湖文化(第三辑)[M].苏州:古吴轩出版社,2017.

丽莎·本顿-肖特,约翰·雷尼-肖特.城市与自然[M].张帆,王晓龙,译.南京:江苏凤凰教育出版社,2017.

王建革.江南环境史研究[M].北京:科学出版社,2016.

吴俊范.水乡聚落:太湖以东家园生态史研究[M].上海:上海古籍出版社,2016.

谢湜.高乡与低乡:11-16世纪江南区域历史地理研究[M].北京:生活·读书·新知三联书店,2015.

涂师平.中国水文化遗产考略[M].宁波:宁波出版社,2015.

张全明.两宋生态环境变迁史(上)[M].北京:中华书局,2015.

李中锋,张朝霞.水与哲学思想[M].北京:中国水利水电出版社,2015.

国家林业局.中国湿地资源:江苏卷[M].北京:中国林业出版社,2015.

国家林业局.中国湿地资源:总卷[M].北京:中国林业出版社,2015.

苏州太湖历史文化研究会、苏州茶文化研究会.太湖文化[M].苏州:古吴轩出版社,2014.

江苏省林业局.江苏湿地[M].北京:中国林业出版社,2012.

潘文龙.苏州名人故踪[M].苏州:苏州大学出版社,2012.

田丰,李旭明.环境史:从人与自然的关系叙述历史[M].北京:商务印书馆,
   2011.

张振雄.苏州山水志[M].扬州:广陵书社,2010.

王利华.中国历史上的环境与社会[M].北京:生活·读书·新知三联书店,2007.

朱年,陈俊才.太湖渔俗[M].苏州:苏州大学出版社,2006.

周秦.苏州昆曲[M].苏州:苏州大学出版社,2004.

吴琴,陶启匀.苏州文物[M].苏州:苏州大学出版社,2000.

吴企明.苏州诗咏[M].苏州:苏州大学出版社,2000.

卢群.千年阊门[M].苏州:苏州大学出版社,2000.

王稼句.苏州山水[M].苏州:苏州大学出版社,2000.

王稼句.姑苏食话[M].苏州:苏州大学出版社,2000.

金学智.苏州园林[M].苏州:苏州大学出版社,1999.

蔡利民.苏州民俗[M].苏州:苏州大学出版社,2000.

亦然.苏州小巷[M].苏州:苏州大学出版社,1999.

秦兆基.苏州文选[M].苏州:苏州大学出版社,1999.

小田.苏州史纪:近现代[M].苏州:苏州大学出版社,1999.

徐杰舜,雪球:汉民族的人类学分析[M].上海:上海人民出版社,1999.

徐亦鹏,钱公麟.苏州考古[M].苏州:苏州大学出版社,1999.